Hamburger Geophysikalische Einzelschriften

Herausgegeben von den Geophysikalischen Instituten der Universität Hamburg:

1. Meteorologisches Institut, Hamburg 13, von-Melle-Park 6
   Direktor Prof Dr. K. Brocks
2. Institut für die Physik des Erdkörpers, Hamburg 13, Binderstraße 22
   Direktor Prof. Dr. H. Menzel
3. Institut für Meereskunde, Hamburg 13, Heimhuder Straße 71
   Direktor Prof. Dr. W. Hansen

Heft 6

Die Ausbreitung elektromagnetischer Wellen im cm- bis m-Band über dem Meer unter besonderer Berücksichtigung der meteorologischen Bedingungen in der maritimen Grenzschicht

Helmut Jeske

Hamburg 1965

Cram, de Gruyter u. Co.

Diese Arbeit wurde als Dissertation zur Erlangung des Doktorgrades
von der Mathematisch-Naturwissenschaftlichen Fakultät
der Universität Hamburg angenommen.

INHALTSVERZEICHNIS

Seite

Seite

Zusammenfassung

Verdunstungs- und Austauschprozesse führen über dem Meer zur Entstehung einer Schicht mit starker vertikaler Brechungsindexabnahme. Ein charakteristisches Maß für die Intensität dieser Brechungsindexschichtung stellt die Verdunstungswellenleiterdicke dar, die aus einfachen meteorologischen Beobachtungen an der Meeresoberfläche unter Anwendung der atmosphärischen Turbulenztheorie berechnet werden kann. Für das Meßgebiet (Deutsche Bucht) werden statistische und korrelationsstatistische Angaben zur näheren Charakterisierung des Verdunstungswellenleiters gegeben.

Dieser fast ständig vorhandene Bodenwellenleiter variabler Dicke ist für die Ausbreitung elektromagnetischer Wellen im cm- bis m-Band von erheblicher Bedeutung. Sein Einfluß wird mit Hilfe von Richtfunkstrecken verschiedener Wellenlängen (4, 13, 5o und 187 cm) zwischen Helgoland und der Deutschen Nordseeküste untersucht; insbesondere wird die Korrelation zwischen der Empfangsfeldstärke und der gleichzeitig beobachteten Wellenleiterdicke betrachtet. Es ergibt sich in 80% aller Fälle ein enger Zusammenhang mit einer für Wellenleitungsvorgänge charakteristischen Wellenlängenabhängigkeit und Höhenabhängigkeit der Feldstärke.

Die Ergebnisse stehen mit der Ausbreitungstheorie atmosphärischer Wellenleiter in Einklang, insbesondere mit der Theorie von Booker und Walkinshaw, die zur theoretischen Berechnung der Empfangsfeldstärken benutzt wurde. Eine quantitative Übereinstimmung wird nicht gefunden. Die beobachteten Feldstärken sind im Mittel niedriger als die theoretisch abgeleiteten Werte. Die Hauptursache dieser Abweichung dürfte in einer zusätzlichen Energiezerstreuung zu suchen sein, die von der Theorie nicht erfaßt wird. Weder die Brechungsindexfluktuationen im Duct noch die Unregelmäßigkeiten seiner Ober- und Untergrenze finden in der Theorie Berücksichtigung.

Die Zeitabschnitte mit einer guten Korrelation zwischen Ductdicke und Feldstärke sind fast ausschließlich durch ein kurzperiodisches Fading gekennzeichnet, welches in erster Linie die Folge eines in der turbulenten Atmosphäre wirksamen Streumechanismus ist. Das kurzperiodische Fading ist nicht ursächlich mit der Ductausbreitung verknüpft und tritt auch auf, wenn kein Wellenleiter bzw. eine unternormale Brechungsindexschichtung vorhanden ist. Dabei kommt es vor, daß auf den cm- und dm-Strecken sogar das mittlere Niveau des Empfangsfeldes durch Scatterprozesse bestimmt wird, obwohl die Empfangsantennen nur etwa 3o km hinter dem Horizont liegen.
Dieser Befund wird bestätigt durch Aufspaltung von Häufigkeitsverteilungen der Feld-

stärke (innerhalb kürzerer Zeitintervalle) auf der Grundlage der Rice-Verteilung. Es ergibt sich, daß bei großer Fadingtiefe ein Dominieren der Streufeldstärke bis zu einem Feldstärkeniveau, das einer Wellenleiterdicke von 6 m entspricht, möglich ist.

In 20% der Zeit ist die Brechungsindexschichtung in größeren Höhen für das Empfangsfeld verantwortlich. Während beim Einfluß des relativ dünnen Verdunstungswellenleiters (meistens < 20 m) nur die cm- und dm-Strecken stärkere Feldstärkeerhöhungen aufweisen, werden jetzt Höchstfeldstärken, verknüpft mit einem längerperiodischen Interferenzfading, auf allen Wellenlängen beobachtet. Diese Situationen können im allgemeinen nicht durch meteorologische Beobachtungen am Boden erfaßt werden. Wie Refraktometer- und Fesselsondenaufstiege zeigten, handelt es sich um die Wirkung kräftiger - advektiv bedingter - Bodenwellenleiter großer Dicke oder niedrig gelegener freier Sprungschichten des Brechungsindex.

Der Zusammenhang zwischen der Empfangsfeldstärke und der maritimen Wellenleiterdicke wird, vor allem unter Gesichtspunkten der atmosphärischen Turbulenzforschung, näher untersucht:
Bei nahezu neutraler Dichteschichtung wird in Übereinstimmung mit den turbulenztheoretischen Vorstellungen bereits eine hohe Korrelation zwischen dem einfachen Parameter ΔN (Brechungswertdifferenz zwischen 6 m Höhe und der Wasseroberfläche) und der Feldstärke gefunden. Im allgemeinen ergibt sich jedoch durch die Einführung der maritimen Wellenleiterdicke (z^{*}_{4}) ein wesentlich engerer Zusammenhang mit der Feldstärke. Die Wellenleiterdicke wird dabei zunächst mit Hilfe des logarithmischen Profilmodells und eines von der Stabilität der atmosphärischen Schichtung abhängigen Profilkoeffizienten berechnet. Die benutzten Profilkoeffizienten sind aus Messungen der Wasserdampfschichtung über der Nord- und Ostsee abgeleitet.
Bei Benutzung der so berechneten Wellenleiterdicke weichen die stark instabilen Fälle, verknüpft mit großen ΔN-Werten, sowie die bei stabiler Schichtung gewonnenen Beobachtungen systematisch von dem im Mittel vorliegenden Zusammenhang ab, was unvereinbar mit der Theorie der Wellenleitung ist. Offensichtlich sind hierfür Abweichungen vom logarithmischen Modell verantwortlich, die sich - wie zu erwarten - bei stärker diabatischer Schichtung bemerkbar machen.
Dies wird bestätigt durch einen aus Feldstärkemessungen auf der Frequenz 7 GHz abgeleiteten Schichtungsfaktor, der in den erwähnten Stabilitätsbereichen erhebliche Unterschiede gegenüber dem aus meteorologischen Messungen zwischen 1 und 10 m gewonnenen Profilkoeffizienten zeigt.
Es werden deshalb einige aus der atmosphärischen Turbulenzforschung bekannte Profilmodelle für diabatische Schichtungsverhältnisse diskutiert und die interessierenden Parameter (Profilkoeffizienten für bestimmte Höhen, mittlere Profilkoeffizienten, Dea-

con-Zahl, mittlere Gradienten sowie Wellenleiterdicken) abgeleitet, wobei zunächst mit einer linearen Höhenabhängigkeit der Richardson'schen Zahl gerechnet wird. Die so gewonnenen verschiedenen Parameter werden untereinander und mit meteorologischen Messungen verglichen.
Mit den neuen Wellenleiterdicken ergeben sich im allgemeinen weitere Verbesserungen der Korrelation mit der Feldstärke. Insbesondere kann man studieren, wie sich die Benutzung der logarithmischen Näherung auswirkt, wenn man einerseits Kollektive von Wellenleiterdicken direkt aus dem gegebenen diabatischen Profil ableitet und andererseits mit Hilfe einer logarithmischen Approximation des gegebenen Profils gewinnt.

Doch können nicht alle Diskrepanzen beseitigt werden, auch nicht bei Berücksichtigung der wahren Höhenabhängigkeit der Richardson'schen Zahl. Einige unbefriedigende Fälle bleiben im Bereich stärkerer Stabilität und bei starker Konvektion bestehen, vorwiegend also bei Situationen mit geringen Windgeschwindigkeiten. Abgesehen davon, daß in diesen Bereichen auch von der Turbulenztheorie her gewisse Unsicherheiten über die sich einstellenden Höhenprofile herrschen, dürfte in erster Linie der Einfluß anderer Ausbreitungsmechanismen hierfür verantwortlich sein. Außerdem kommt es bei geringer Windgeschwindigkeit leicht zur Ausbildung von Inhomogenitäten im Brechungsindexfeld entlang der Funkstrecke. Dann sind Messungen an einem Punkt des Meßgebietes (Elbe 1) nicht mehr repräsentativ für einen größeren Entfernungsbereich.

Als vorläufige Modelle zur Berechnung der Wellenleiterdicke können die nach Monin-Obukhov (z^*_7) oder Ellison-Panofsky (z^*_{10}, z^*_{13}) abgeleiteten vorgeschlagen werden. Im Bereich der Richtfunkstrecken ist auch die Korrelation der Feldstärke mit der Wellenleiterdicke, die mit Hilfe eines aus Feldstärkeregistrierungen abgeleiteten Schichtungsfaktors gewonnen wird, immer sehr eng.

Summary

Above the sea evaporation and mixing processes give rise to the formation of a layer with a strong vertical decrease of the refractive-index. A characteristic measure of the intensity for this refractive-index stratification is the thickness of the evaporation duct which can be obtained from simple meteorological routine observations near the sea surface employing the laws of the atmospheric boundary layer theory. In order to characterize the evaporation duct more detailed some statistical and correlation statistical informations in the area of the experiment (German Bight) are given.

This almost permanently existing ground duct of alternating thickness has a considerable importance for the propagation of electromagnetic waves in the cm- to m-band. The effect of this type of duct is investigated by radio links between the island of Heligoland and the German coast at wave lengths of 4, 13, 53 and 187 cm; especially the correlation between the received field strength and the simultaneously observed ductthickness is examined. In 80% of all cases we find a strong connection with a wave length and height-gain dependence of field strength characteristic for ducting processes.
The results correspond to the theory of ducting, especially to the mode-theory of Booker-Walkinshaw which was used to evaluate the theoretical field strengths for the radio paths in operation. A quantitative relation cannot be found. The observed field strength is lower than the theoretically predicted values. The main reason for this deviation may be given in an additional energy scatter caused by the refractive-index fluctuations within the duct and the irregularities of its upper and lower boundaries. These facts are not covered by the theory.

Periods of high correlation between ductthickness and field strength are characterized - almost exclusively - by a fast fading. First of all this fading is the consequence of a scatter mechanism acting in the turbulent atmosphere. The shortperiodical fading is not causally connected with the duct propagation and is observed also when there is no duct or even sub-refraction. Then it is possible that the median value of field strength of the cm- and dm-paths also is given by scatter processes although the receiving antennas are only 30 km behind the horizon.

This statement is confirmed if cumulative distributions of field strength (for shorter periods) are splitted up on the basis of the Rice-distribution. If a deep fading is observed it is possible to find a prevailing scatter field up to a field strength level which corresponds to a ductthickness of about 6 m.

In 20% of all cases the stratification in higher levels is effective. While under the influence of the relatively thin evaporation duct (< 2o m) only the cm- and dm-paths show higher field strength levels we observe during these situations highest field strength levels on all wave lengths (connected with a longerperiodical interference fading). These situations cannot be predicted from meteorological observations on the ground. As soundings with refractometers and special radio sondes show strong ground ducts - borne by advection - or elevated ducts or free inversion layers in the lower atmosphere are responsible for the high signals.

The correlation between field strength and evaporation duct is considered in more details especially from the viewpoint of the atmospheric boundary layer theory.

Under near neutral conditions we have already a high correlation between the simple parameter ΔN (refractivity difference between a level of 6 m and the sea surface) and die field strength in accordance with the boundary layer theory. Generally, however, we find a much stronger correlation, using the ductthickness z^*_4 which is derived on the basis of a logarithmic model with a profilecoefficient depending on the stability of atmospheric stratification. The used profilecoefficient was deduced from measurements of the vertical water vapour distribution in the lowest meters above the North Sea and the Baltic Sea.

Using the so evaluated thickness of the low level evaporation duct the cases observed at strong atmospheric instability connected with great ΔN-values and those cases at stable conditions deviate systematically from the mean dependence. This is not consistent with the electromagnetic theory of ducting. Obviously the deviations from the logarithmic model, which - as expected - is remarkable for strong diabatic stratification, are responsible for these facts.

This is confirmed by a "stratification factor F" which is derived from field strength measurements. It shows considerable differences in relation to the meteorological profilecoefficient found between heights of 1 and 1o m.

Therefore, some modern diabatic profile models of the atmospheric boundary layer theory are discussed and from these the interesting parameters (profilecoefficient in a fixed height, mean profilecoefficients, Deacon numbers, mean gradients and ductthickness) are derived. In the first instance we took into account a linear height-dependence of the Richardson number.
The new thicknesses of the low level evaporation duct yield a further improvement of the correlation with the field strength. We can study especially the influence of a lo-

garithmic approximation if we calculate the ductthickness directly from the given diabatic profile on the one hand and, on the other, by means of a logarithmic approximation of the used profile.

Not all discrepancies, however, can be accounted for, even if we consider the real height-dependence of the Richardson number. Some unsatisfied cases remain under stronger stable conditions and under free convection, i.e. preponderantly situations with a low wind velocity. Apart from the fact that under these conditions also the turbulence theory is somewhat uncertain about the adapted vertical profiles, it may be first of all the influence of other propagation mechanisms which is responsible for the observed discrepancies. Besides in these situations there exist inhomogeneities of the refractive-index field in the area of the radio links. Then measurements at one poin of the area are not representative for the whole distance between the transmitting and receiving antennas.
As preliminary models for evaluating the ductthickness we can use the model of Monin-Obukhov or Ellison-Panofsky. In the area of our radio links we have also good success with the ductthickness which is evaluated by means of the "stratification factor" derived from field strength measurements.

1. EINFÜHRUNG

Aspekte der elektromagnetischen Wellenausbreitung

Elektromagnetische Wellen aller Frequenzen breiten sich im freien Raum nach geometrisch-optischen Gesetzen aus. Eine Dämpfung tritt nur infolge der räumlichen Divergenz der Strahlung auf.

Findet der Ausbreitungsvorgang im materieerfüllten Raum statt, dann werden die Ausbreitungsbedingungen durch die im allgemeinen frequenzabhängigen elektrischen und magnetischen Eigenschaften der Materie, die mit dem elektromagnetischen Feld der Welle in Wechselwirkung tritt, wesentlich modifiziert. Die maßgeblichen Materialkonstanten sind die Dielektrizitätskonstante, die Permeabilität und die Leitfähigkeit des Ausbreitungsmediums. Zusammensetzung und Schichtung des Mediums bestimmen die verschiedenen Wirkungen auf die elektromagnetischen Wellen wie Absorption, Streuung, Brechung, Wellenleitung und Reflexion. Für irdische Verhältnisse ist das Ausbreitungsmedium durch die Atmosphäre gegeben, wobei die Einflüsse der Erdoberfläche zusätzlich zu berücksichtigen sind. Hierbei spielen insbesondere Beugungseffekte an der Erdkugel, die durch das morphologische Relief sehr kompliziert werden können, eine wesentliche Rolle.

Die Einteilung der Radiowellen in bestimmte Frequenzbänder, innerhalb derer ähnliche Ausbreitungsgesetze herrschen, läßt sich nicht scharf abgrenzen. Für das elektromagnetische Spektrum zwischen 1,5 cm und 1o m Wellenlänge können die unteren Schichten der Erdatmosphäre (Troposphäre und Stratosphäre) als ideales Dielektrikum angesehen werden. D. h. die Luft besitzt eine reelle Dielektrizitätskonstante ε, die mit dem Brechungsindex n durch die Maxwell'sche Beziehung $n = \sqrt{\mu \cdot \varepsilon}$ verknüpft ist. Die Permeabilität μ kann für Luft 1 gesetzt werden. Absorptions- und Dispersionserscheinungen treten also im allgemeinen nicht auf.

Für Wellenlängen an der unteren Grenze dieses Bereiches (1,5 bis 2 cm) wird die Ausbreitung durch Resonanzen innerer Schwingungen in den Luftmolekülen - d. h. durch molekulare Absorption - begrenzt. Die niedrigsten Resonanzfrequenzen besitzen Wasserdampf bei einer Wellenlänge von 1,3 cm und Sauerstoff bei einer Wellenlänge von o,5 cm. Sind Beimengungen von Hydrometeoren, Aerosolen, Staub etc. in der Luft vorhanden, so können zusätzliche Dämpfungen der elektromagnetischen Wellen, besonders im cm-Bereich, durch Zerstreuung und durch Absorption auftreten.

Die mit etwa 10 m angegebene obere Grenze des genannten Wellenlängenbereiches (UKW-Bereich) ist deshalb gewählt worden, weil für kürzere Wellenlängen die Elektronenkonzentration der Ionosphäre im allgemeinen nicht mehr ausreicht, um diese Wellen zu reflektieren und deshalb - im Gegensatz zur Kurzwellenausbreitung (Wellenlängen zwischen etwa 10 und 100 m) - die untere Atmosphäre die Hauptrolle bei der Ausbreitung dieser Wellen spielt.

Meteorologische Aspekte

Das spezielle meteorologische Problem, nämlich die Wirkung der Atmosphäre auf die elektromagnetische Wellenausbreitung zu untersuchen, besteht vor allem in der Erfassung und Darstellung der räumlichen Verteilung und zeitlichen Änderung der Parameter, die für die Ausbreitungsvorgänge von Bedeutung sind. Bei der Untersuchung von Brechungs-, Wellenleitungs- und Reflexionsproblemen interessiert in erster Linie das vertikale Profil (d. h. der Gradient oder auftretende Sprungstellen) des atmosphärischen Brechungsindex. Bei Behandlung der Streuausbreitung muß das Spektrum der Brechungsindexfluktuationen in Abhängigkeit von der Höhe und der Stabilität der Schichtung vorliegen.

Für eine exakte quantitative Behandlung vieler Ausbreitungsphänomene reichen die herkömmlichen meteorologischen Meßgeräte nicht aus; so wurden Neuentwicklungen notwendig wie das Mikrowellenrefraktometer oder Spezialradiosonden, die es gestatten, die Strukturen der Atmosphäre mit bisher nicht gekannter Feinheit zu erfassen.

Zu Beginn der Untersuchungen über die Ausbreitungsphänomene in der Atmosphäre stand die Deutung bzw. Erklärung der verschiedenen Erscheinungen mit Hilfe der Meteorologie im Vordergrund. Inzwischen ist die elektromagnetische Wellenausbreitung jedoch allgemein zu einem Hilfsmittel bei der Untersuchung meteorologischer Vorgänge und Strukturen in der Troposphäre geworden. Ähnlich wie in anderen Gebieten der Geophysik (Seismik, Schallausbreitung im Meer und in der Atmosphäre, Ionosphärenforschung) die Untersuchung von Wellenausbreitungsphänomenen zu großen Fortschritten führte, erschließt das Studium von Ausbreitungsvorgängen elektromagnetischer Wellen in der Atmosphäre auch der meteorologischen Grundlagenforschung neue Erkenntnismöglichkeiten.

Ziel der Untersuchung

Sämtliche Ausbreitungsmechanismen, die in der Troposphäre eine Rolle spielen, sind von der Wellenlänge der ausgesandten Strahlung und den geometrisch-geographischen

Gegebenheiten der Funklinien abhängig. Einfache und übersichtliche Versuchsbedingungen ergeben sich, wenn man die Ausbreitungsmessungen über See durchführt. Hier fallen die sehr komplizierten Beugungseffekte an orographischen Hindernissen weg, man kann mit einheitlichen elektrischen Bodenwerten entlang der ganzen Funkstrecke rechnen, und außerdem herrscht in den unteren Hektometern über See in vielen Fällen eine weitgehend homogene atmosphärische Schichtung, so daß meteorologische Messungen an einem Punkt bzw. an einer Senkrechten repräsentativ für ein größeres Gebiet sind.

Ziel der durchgeführten Ausbreitungsexperimente [1-7] *) war es, die Bedingungen der Wellenausbreitung über dem Meer zu erfassen. Eine vollständige Lösung dieses komplexen Problemkreises kann nur dann erreicht werden, wenn unter eindeutigen Versuchsbedingungen g l e i c h z e i t i g Messungen der meteorologischen Verhältnisse und der elektrischen Empfangsfeldstärke bzw. Reichweite mit dem notwendigen Aufwand durchgeführt werden.

In der folgenden Abhandlung werden Teilprobleme aus diesem Arbeitsgebiet behandelt. Es soll der Einfluß der untersten Dekameter der Atmosphäre auf die Ausbreitung elektromagnetischer Wellen untersucht werden, insbesondere interessiert, wie weit sich diese Schicht gegenüber Einflüssen höherer Luftschichten durchsetzt. Ein spezielles Anliegen der Untersuchung war es, die Ausbreitungsverhältnisse in der maritimen Grenzschicht mit Hilfe einfacher meteorologischer Messungen zu erfassen. Hierzu ist die Anwendung einiger Ergebnisse der atmosphärischen Turbulenzforschung erforderlich.

2. ORGANISATORISCHES

Die Untersuchungen der elektromagnetischen Wellenausbreitung sind an Funkübertragungslinien geknüpft. Die vom Meteorologischen Institut der Universität Hamburg gemeinsam mit dem Institut für Radiometeorologie und Maritime Meteorologie an der Universität Hamburg - Institut der Fraunhofer-Gesellschaft - betriebenen Richtfunkversuchsstrecken in der Deutschen Bucht zwischen Helgoland und der Küste stellen Funklinien einfachster Art dar; es handelt sich um Einwegausbreitungen zwischen zwei Punkten. Registrierungen der Empfangsfeldstärke über mehrere Jahre wurden auf den folgenden Richtfunkstrecken durchgeführt [3, 4, 5]:

a) 6925 MHz-Strecke,

b) 229c MHz-Strecke,

---

*) Literaturhinweise

c) 56o MHz-Strecke,

jeweils zwischen Weddewarden bei Bremerhaven und Helgoland (77,2 km),

d) 16o MHz-Strecke zwischen Helgoland und Sahlenburg bei Cuxhaven (61,7 km) *)

Diese Strecken werden im weiteren Verlauf der Diskussion kurz mit 7 GHz (bzw. 4 cm)-, 2 GHz (bzw. 13 cm)-, 6oo MHz (bzw. 5o cm)- und 16o MHz (bzw. 2 m)-Strecke bezeichnet.

Der Abbildung 1 ist die geographische Lage der Strecken zu entnehmen. Die Tabelle 1 gibt die interessierenden technischen und geometrischen Daten. Es handelt sich bei den Anlagen um speziell für Feldstärkemessungen umgebaute kommerzielle Geräte oder um Sonderanfertigungen. Von der Sendeantenne wird jeweils ein Signal definierter Leistung abgestrahlt. Die an der Empfangsantenne zur Verfügung stehende Leistung wird einem Empfänger zugeführt und die Empfängereingangsspannung mit Hilfe eines Tintenschreibers kontinuierlich registriert.

Besonders in der ersten Phase der durchgeführten Untersuchungen hätten die umfangreichen technischen Anforderungen nicht bewältigt werden können ohne die tatkräftige Hilfe befreundeter Institutionen - insbesondere des Fernmeldetechnischen Zentralamtes der Deutschen Bundespost (Dr. Großkopf) und des Instituts für Rundfunktechnik in Hamburg (Dr. Stepp). Wesentliche Hilfestellung wurde auch von den Wasser- und Schifffahrtsämtern Bremerhaven und Cuxhaven geleistet. Allen Beteiligten sei auch an dieser Stelle herzlicher Dank ausgesprochen.

Die in Tabelle 1 gegebenen geometrischen Parameter (Horizontentfernungen, Winkelentfernungen, Krümmungsfaktoren k_{opt}, für die radio-optische Sicht zwischen Sender und Empfänger eintritt) zeigen, daß es sich um horizontnahe Richtfunkstrecken handelt. Die Empfangsantennen der zwischen Weddewarden und Helgoland verlaufenden Verbindung liegen bei normaler atmosphärischer Brechung etwa 3o km, die Empfangsantenne der 16o MHz-Strecke zwischen Helgoland und Cuxhaven etwa 8 km hinter dem Horizont.

Die Winkelentfernung beträgt rd. 4 mrad bzw. 2 mrad. Optische Sicht zwischen Sender und Empfänger würde für die erstgenannten Strecken bei $k \approx 3,7$ eintreten und für die 16o MHz-Strecke bei $k = 1,9$. Krümmungsfaktoren $k > 2,5$ treten jedoch in der

---

*) Gelegentlich wurden auch noch andere - nicht in der Regie der obengenannten Institute betriebene - Strecken, z.B. der Fernsehsender Heide, registriert und ausgewertet. Ferner läuft seit August 1963 zusätzlich eine 1,8 cm-Strecke zwischen Weddewarden und Helgoland.

Atmosphäre nur äußerst selten auf. Die untere Höhe des Scattervolumens, d. h. Schnittpunkt der Tangentialebenen durch Sende- und Empfangsantennen an die Erdoberfläche, liegt bei etwa 15 m bzw. 6 m über der Wasseroberfläche.

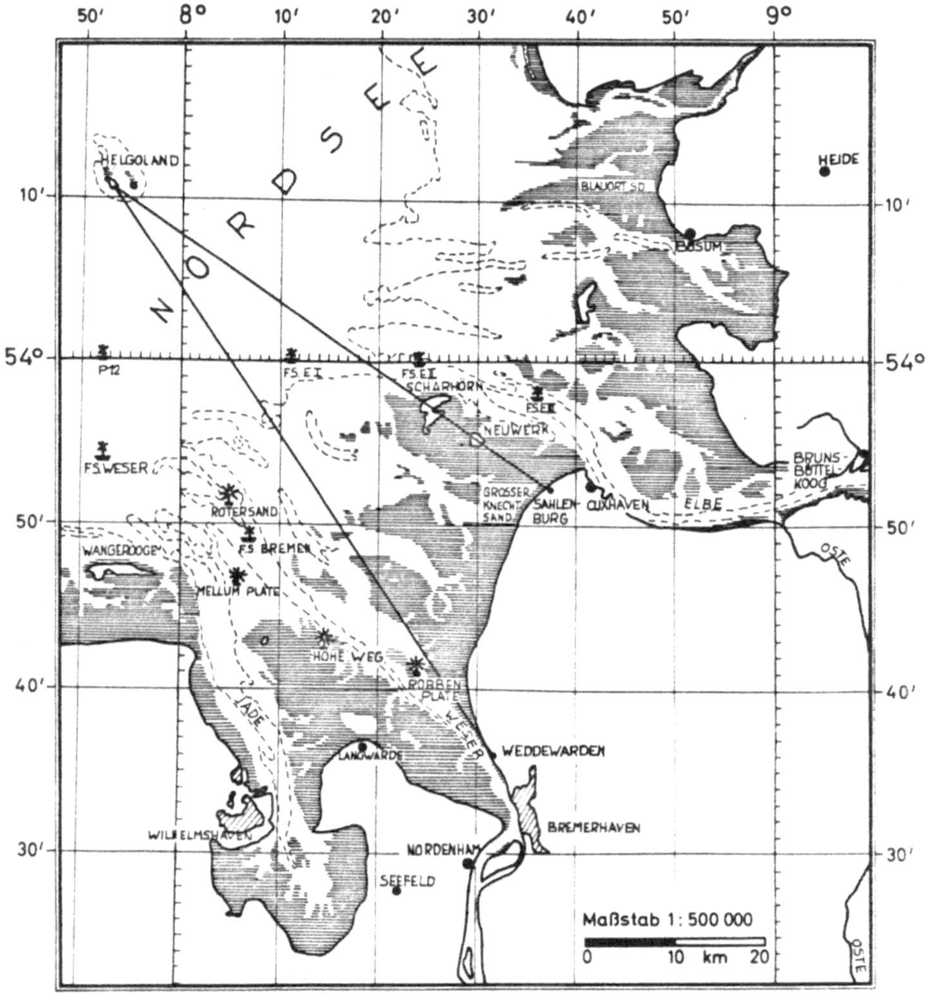

Abb. 1. Übersichtskarte der Helgoländer Bucht

T a b e l l e 1a: Technische Daten der Richtfunkstrecken

	f *) [MHz]	λ [cm]	P_s [Watt]	G_s [dB]	G_e [dB]	b_s [dB]	b_e [dB]	P_{str} [dB]	ϑ [°]	Polarisation
7 GHz	6814	4,4	1	38,4	38,4	0	0	8,4	1,5	horizontal
2 GHz	2295	13,1	3	27,1	27,1	0,5	0,5	1,3	2,5	vertikal
600 MHz	569,3	52,7	30	8,3	8,3	2,7	1,1	-9,6	14	horizontal
160 MHz	160,4	187	0,6	10,3	10,3	2,0	2,0	-23,97	20-25	vertikal

T a b e l l e 1b: Geometrische Daten der Richtfunkstrecken

	d [km]	h_s [m]	h_e [m]	d_Θ [mrad]	$d_{H(1)}$ [km]	$d_{H(4/3)}$ [km]	$d_{H(3)}$ [km]	k_{opt}	$H_{4/3}$ [m]
7 GHz	77,2	29	33	3,7	39,7	45,8	68,8	3,7	14
2 GHz	77,2	28	31	3,8	38,8	44,8	67,1	3,9	15
600 MHz	77,2	35	32	3,5	41,3	47,4	71,4	3,5	13
160 MHz	61,7	74	20	2,4	46,8	53,8	81,0	1,9	6

*) Bezeichnung der Symbole:

f : Betriebsfrequenz

λ : Wellenlänge

P_s : Sendeleistung

G_s : Antennengewinn - senderseitig (bezogen auf einen isotropen Strahler)

G_e : Antennengewinn - empfangsseitig (bezogen auf einen isotropen Strahler)

b_s : Kabeldämpfung - senderseitig

b_e : Kabeldämpfung - empfangsseitig

P_{str} : effektive Strahlungsleistung, bezogen auf 1 kW, abgestrahlt von einem $\lambda/2$-Dipol

ϑ : Halbwertsbreite der Antennencharakteristik (bezogen auf Abnahme der Leistungsdichte um 3 dB)

d : Entfernung Sender - Empfänger

h_s : Höhe des Schwerpunktes der Sendeantenne über NN

h_e : Höhe des Schwerpunktes der Empfangsantenne über NN

d_Θ : Winkelentfernung (Krümmungsfaktor 4/3)

$d_{H(1)}$; $d_{H(4/3)}$, $d_{H(3)}$: Radio-optische Sichtweiten zwischen Sender und Empfänger (Summe der Horizontentfernungen von Sender und Empfänger) für $k = 1$, $k = 4/3$, $k = 3$

k_{opt} : Krümmungsfaktor, für den radio-optische Sicht zwischen Sender und Empfänger eintritt (bei vorgegebener Entfernung)

$H_{4/3}$: Abstand des Schnittes, der durch Sende- und Empfangsantenne an die Erdoberfläche gelegten Tangentialebenen (Krümmungsfaktor 4/3) von der Meeresoberfläche.

3. DAS BEOBACHTUNGSMATERIAL

3.1. Feldstärkeregistrierungen

3.1.1. Feldstärkemeßwerte

Aus der kontinuierlich aufgezeichneten Empfängereingangsspannung werden - unter Berücksichtigung der jeweils gültigen Eichkurve - stündliche Feldstärkemedian- und Momentanwerte sowie die auftretenden Maximal- und Minimalwerte abgeleitet [3,5]. Sämtliche Feldstärkewerte [dB über 1 μV/m] wurden auf eine effektive Strahlungsleistung von 1 kW reduziert, die von einem $\lambda/2$-Dipol abgestrahlt wird. Damit kann auch das absolute Niveau der Empfangsfeldstärken der verschiedenen Strecken untereinander verglichen werden.

3.1.2. Schwundanalyse

Die routinemäßig durchgeführten Dauerregistrierungen wurden mit einfachen Tintenschreibern (Metrawatt PC 12o), die eine Einstellzeit von 1 bis 2 Sekunden besitzen, bei kleinem Papiervorschub (6 cm/h bzw. 2 cm/h für die 16o MHz-Strecke) vorgenommen. Dadurch ist eine Analyse der Feinstruktur des Empfangsfeldes (Fading) von vornherein ausgeschlossen. Jedoch kann eine qualitative Beurteilung des Schwundcharakters nach dem äußeren Bild der Registrierung vorgenommen werden. Es zeigte sich, daß eine Unterteilung in vier Haupttypen (Abbildung 2) möglich ist [3, 8]. Diese vier Fadingtypen lassen sich wie folgt beschreiben:

Fadingtyp A charakterisiert einen sehr "schnellen" Schwund mit großer Fadingtiefe (Amplitude),

Fadingtyp B entspricht einem "schnellen" Schwund mit kleinerer Fadingtiefe; die Fadingperiode dagegen ist größer als beim Schwundtyp A. Das absolute Niveau der Feldstärke ist im Mittel für den Fadingtyp B größer als jenes für den Fadingtyp A.

Fadingtyp C stellt einen langsamen Interferenzschwund verschiedener Schwundtiefe, oft überlagert von schnellem Schwund bei geringerer Amplitude, dar. Die Fadingperioden des Interferenzschwundes liegen zwischen Sekunden und mehreren Minuten. Das absolute Niveau ist im Mittel höher als jenes der Schwundtypen A und B.

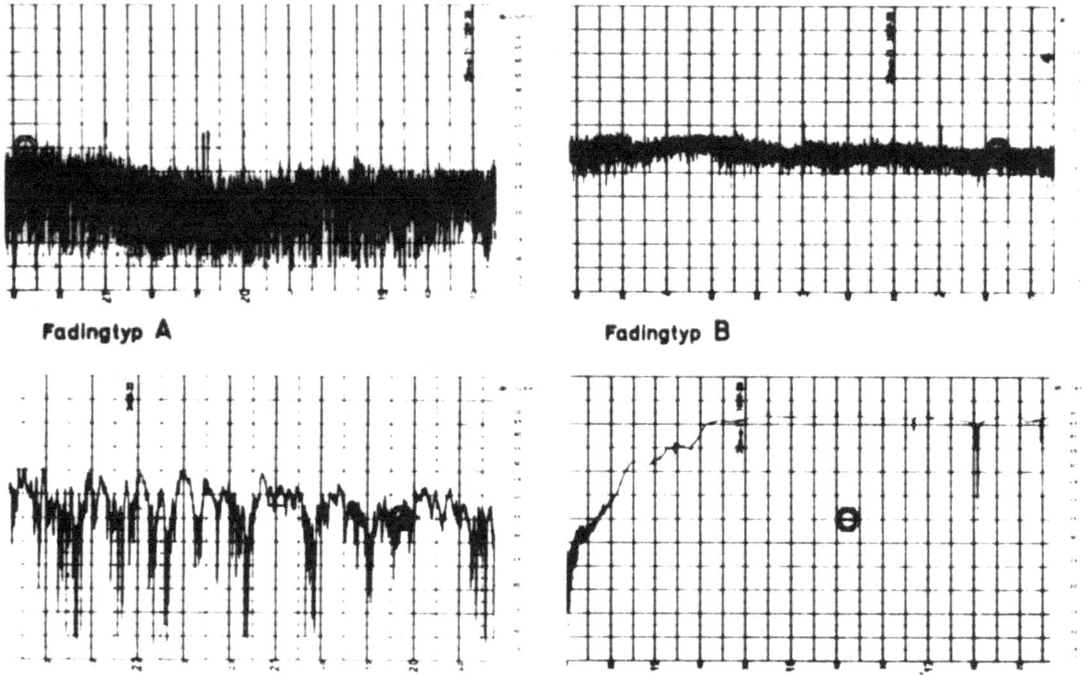

Fadingtyp A

Fadingtyp B

Fadingtyp C

Fadingtyp D

Abb. 2. Fadingtypen einer 15 cm - Strecke

Fadingtyp D kennzeichnet einen sehr langsamen Schwund bzw. konstante Feldstärke in einem relativ hohen Niveau.

Die Begriffe "schneller" und "langsamer" Schwund sind relativ zu verstehen. Bekanntlich ist die Fadingfrequenz für cm-Wellen erheblich größer als für dm- oder m-Wellen, auch bei gleichem Schwundtyp. Trotzdem zeigen die Registrierungen aller genannten Richtfunkstrecken eine ähnliche Charakteristik, die meistens eine Einteilung nach obigem Schema erlaubt.

Es kommt jedoch gelegentlich vor, daß sich Registrierungen nicht in die oben genannten Gruppen einordnen lassen. Es handelt sich dann meistens um Übergänge zwischen den Typen B bzw. A und C. Dieser Mischtyp wird als Fadingtyp E bezeichnet und manchmal noch unterteilt in EA, EB und EC.

3.2. Die meteorologischen Messungen

Gleichzeitig mit den Feldstärkemessungen wird ein meteorologisches Meßprogramm zur Erfassung der Brechungsindexschichtung durchgeführt.

3.2.1. Unterste Dekameter über See

Die meteorologischen Verhältnisse in den untersten Dekametern über der Wasseroberfläche werden durch einfache meteorologische Beobachtungen erfaßt. Es handelt sich dabei im wesentlichen um Messungen der Lufttemperatur, der Luftfeuchtigkeit, der Wassertemperatur und der Windgeschwindigkeit, die am Feuerschiff Elbe 1, das ungefähr in der Mitte der Funkverbindungen liegt, von eigenen Beobachtern vorgenommen werden. Hieraus kann mit Hilfe der atmosphärischen Turbulenztheorie Dicke und Intensität des maritimen Wellenleiters bestimmt werden (siehe Abschnitt 8, [9, 1o]. Dieser infolge von Verdunstungs- und Austauschprozessen über dem Meer fast ständig vorhandene Wellenleiter spielt eine dominierende Rolle bei der Ausbreitung von cm- und dm-Wellen.
Bevor das Meßprogramm routinemäßig durchgeführt wurde, waren umfangreiche Voruntersuchungen notwendig:

a) In einer besonderen Untersuchung (Sommer 1956) wurde durch gleichzeitige Messungen an mehreren Punkten im Meßgebiet nachgewiesen [11, 12, 1], daß die örtlichen Unterschiede im meteorologischen Feld in den unteren Schichten über See - selbst im Küstenvorfeld - so gering sind, daß Messungen an e i n e m Punkt des Meßgebietes ausreichende Informationen über die Schichtung in einem größeren Umkreis (ca. 5o km) gestatten.

b) Um die empirischen Konstanten in den turbulenztheoretischen Ansätzen zur Berechnung der Verdunstungswellenleiterdicke zu bestimmen, wurden auf fünf vierwöchigen Forschungsfahrten in den Jahren 1957 bis 196o Schichtungsmessungen (Bestimmung der Höhenprofile) des Windes, der Temperatur und der Feuchtigkeit mit einer speziellen Boje durchgeführt [12, 13], die eine Erfassung der meteorologischen Verhältnisse in der ungestörten Seeatmosphäre gestattete.

3.2.2. Höhere Schichten

Um den Einfluß höherer Schichten auf die Wellenausbreitung zu erfassen, sind aerologische Messungen erforderlich. Die Vertikalprofile der Temperatur und der Feuchte und daraus abgeleitete Brechungsindexprofile bis etwa 5oo m wurden von Schiffen aus mit fesselballongetragenen Spezialradiosonden bestimmt [7, 14-17].

Weitere Messungen der Brechungsindexschichtung zwischen 3o und 5ooo m wurden mit Hilfe eines Mikrowellenrefraktometers, das in ein Flugzeug eingebaut war, durchgeführt [7, 17-19].

Diese recht aufwendigen Messungen wurden lediglich auf besonderen Schwerpunktunternehmungen in den Sommer- und Herbstmonaten der Jahre 1959 bis 1962 vorgenommen. Das reichte jedoch aus, um sich ein Urteil über die Ausbreitungsbedingungen auf See bilden zu können.

4. Theoretische Vorbemerkungen

4.1. Die Ausbreitungsmechanismen

Vor einer Diskussion der Meßergebnisse sei kurz an die verschiedenen physikalischen Ausbreitungsmechanismen erinnert. Ausführliche Darstellungen findet man in zahlreichen zusammenfassenden Werken über die elektromagnetische Wellenausbreitung [2o-3o].

Freiraumausbreitung

Bei Strahlung im freien Raum ist die Empfangsfeldstärke nur von der effektiv abgestrahlten Leistung (d. i. die von der Antenne abgestrahlte Leistung multipliziert mit dem Antennengewinn) und von der Entfernung zwischen Sender und Empfänger abhängig:

$$(1) \qquad E_o^2 = \frac{P_s\, G_s\, 12o\pi}{4\pi\, d^2} = \frac{3o\, P_s\, G_s}{d^2}$$

E_O : Freiraumfeldstärke [μV/m]
P_s : Sendeleistung [Watt]
G_s : Antennengewinn (bezogen auf einen isotropen Strahler)
d : Entfernung [m]
$12o\pi$: Wellenwiderstand des freien Raumes [Ω]

Die so ermittelte "Freiraumfeldstärke" E_O wird häufig als Bezugswert benutzt. Die auf 1 kW reduzierten Werte sind für die erwähnten Richtfunkstrecken in Tabelle 2 gegeben (F_O = 2o log E_O).

Ausbreitung innerhalb des Horizontes

Im Gebiet diesseits des Horizontes liegt der Theorie die Vorstellung zugrunde, daß sich das Empfangsfeld durch Interferenz aus einem direkten und einem an der Erdoberfläche - mehr oder weniger gut - reflektierten Strahl zusammensetzt. Dabei entstehen Maxima und Minima der Feldstärke ("Interferenzlappen"), je nach dem Phasenunterschied zwischen beiden Strahlen, der von der Streckengeometrie, den elektrischen Bodenkonstanten, der Wellenlänge und der atmosphärischen Refraktion abhängig ist.

Beugung

In das Gebiet jenseits des Horizontes kann ein Teil der von einem Sender abgestrahlten Energie durch Beugung an der Erdkugel gelangen. Dieser Mechanismus ist stark frequenzabhängig. Er ist für die hier betrachteten cm- und dm-Wellen nur von geringer Bedeutung.

Der Brechungseinfluß in einer Atmosphäre mit stetiger Abnahme des Brechungsindex mit der Höhe

Die Strahlkrümmung, die durch eine Atmosphäre mit konstanter Brechungsindexabnahme ($-\partial n/\partial z$ = const < $1/r$, r: Erdradius) bewirkt wird, kann durch Einführung eines effektiven Erdradius $r_{eff} = k \cdot r$ berücksichtigt werden, wobei der Funkstrahl geradlinig bleibt und die Erdkrümmung entsprechend geändert wird. Bei Berechnung der Empfangsfeldstärken etc. werden die Beugungsformeln benutzt, und an Stelle des Erdradius wird der effektive Erdradius eingeführt (k-Typ-Theorie). Der Krümmungsfaktor k ist verbunden mit dem Gradienten des Brechungsindex durch die Gleichung:

(2) $$k \approx \frac{1}{1 + r\,\frac{\partial n}{\partial z}} \;;$$

er kann aus meteorologischen Vertikalaufstiegen (z. B. Radiosondenaufstiegen) gewonnen werden und schwankt in unserem Klimaraum etwa zwischen k = 1 (reine Beugung) und k = 3 ($\partial n/\partial z$ = -o,1o4 • $1o^{-6}$/m). In seltenen Fällen können auch Situationen mit k < 1 auftreten. Im Normalfall ergibt sich k = 4/3, was einem Gradienten des Brechungsindex von $\partial n/\partial z$ = -o,o39 • $1o^{-6}$/m entspricht.
Die bei Beugung und Brechung zu erwartenden Feldstärkepegel für die hier behandelten Richtfunkverbindungen sind in der Tabelle 2 gegeben. Das Absolutniveau der Feldstärke hinter dem Horizont steigt normalerweise mit der Wellenlänge kräftig an.

Für die gegebenen Höhen- und Entfernungsbereiche reicht die Konzeption des effektiven Erdradius zur Erfassung der Brechungseffekte aus; es ist nicht nötig, z. B. die von Bean [31, 32] eingeführten Referenzatmosphären (oberhalb 1 km exponentielle Brechungsindexabnahme) zu berücksichtigen:

Tabelle 2: Theoretische Feldstärkewerte

	$F_{k=1}$	$F_{5/4}$	$F_{4/3}$	F_2	F_3	F_o	
7 GHz-Strecke	-22	- 4	1	27	46	69,2	[dB über 1 μV/m]
2 GHz-Strecke	o	13	16	34	45	69,2	"
6oo MHz-Strecke	21	27	3o	4o	47	69,2	"
16o MHz-Strecke	4o	42	43	48	52	71,o	"

Spiegelartige Reflexion

Die meist nicht homogen geschichtete Atmosphäre bewirkt weitere Mechanismen, die eine Energieübertragung in den Raum jenseits des Horizontes ermöglichen.

An Unstetigkeitsstellen im Vertikalprofil des Brechungsindex kann bei genügend kleinen Reflexionswinkeln ein Teil der einfallenden Energie reflektiert werden und so zum Empfänger gelangen. Der Betrag des Reflexionskoeffizienten R ist im allgemeinen eine Funktion des Glanzwinkels δ, des Brechungsindexunterschiedes Δn bzw. seines Gradienten zwischen Unter- und Obergrenze der Übergangsschicht, der Dicke der Sprungschicht Δh, der Wellenlänge λ, des Profilverlaufes des Brechungsindex $n(z)$ innerhalb der Schicht sowie der Größe der reflektierenden Fläche (im Vergleich zur Fresnelzone [33]):

$$(3) \qquad R = \frac{\Delta n}{2 \sin^2 \delta(k,H)} \cdot f\,[\Delta h;\ \lambda;\ n(z);\ \text{Fläche}].$$

Der Glanzwinkel δ der an der Inversion einfallenden Welle ist abhängig von der Höhe H der Untergrenze der reflektierenden Schicht, vom Gradienten des Brechungsindex in der Schicht zwischen dem Erdboden und der Untergrenze der Inversion (repräsentiert durch den Krümmungsfaktor k) sowie von den geometrischen Daten der Richtfunkstrecke (Entfernung, Antennenhöhen).

Der erste Faktor in Gleichung 3 gilt für einen unstetigen Sprung des Brechungsindex unter der Voraussetzung $\sin^2 \delta \gg 2\Delta n$. Ein unstetiger Übergang kann auch noch angenommen werden, solange gilt [23]:

(4) $$\Delta h \sin \delta \ll \frac{\lambda}{2\pi} .$$

Theoretisch wurden die Reflexionseinflüsse für verschiedene Profilformen bestimmt. Das wichtigste Ergebnis ist, daß die Reflexionskoeffizienten mit der Wellenlänge zunehmen, wenn die Ungleichung (4) nicht erfüllt ist.
Die in der Atmosphäre auftretenden Reflexionskoeffizienten erreichen meistens nur Werte, die zu einer partiellen Reflexion führen.

Diffuse Reflexion

Bei Anhäufung von Schichten kleinerer Ausdehnung mit unregelmäßig verteilten Neigungen und Höhen in einem bestimmten Höhenintervall (Blättchenstruktur der Atmosphäre) bzw. allgemein bei zerrissener oder "rauher" Untergrenze einer Inversion kann es zum Mechanismus der diffusen (inkohärenten) Reflexion kommen. Er spielt eine umso größere Rolle, je kleiner die Wellenlänge ist und löst den Mechanismus der Spiegelreflexion ab, insbesondere dann, wenn die Unregelmäßigkeiten an der Untergrenze einer reflektierenden Schicht größer sind als es dem Raleigh-Kriterium entspricht [23]:

(5) $$h < \lambda / 32 \sin \delta ,$$

wobei h die Höhe der Unebenheiten und δ der Glanzwinkel der einfallenden Welle ist.
Werden die reflektierenden Schichten kleiner und kleiner, dann ergibt sich der Übergang zur Streuausbreitung an Turbulenzkörpern des Brechungsindex.

Streuausbreitung (Scatterausbreitung)

Das Fernfeld der von einem Sender ausgesandten Strahlung wird heute überwiegend durch Streuausbreitung erklärt. Es handelt sich hierbei um eine Vorwärtsstreuung der Energie an Turbulenzelementen im gemeinsam von beiden Antennen erfaßten Volumen. Der Hauptteil der Streuung wird verursacht durch Brechungsindexabweichungen der Horizontalausdehnung ℓ, für welche die Gleichung (6) gilt (Bragg'sche Beziehung):

$$(6) \qquad l = \frac{\lambda}{2 \sin \varphi /2}$$

φ stellt den sog. Streuwinkel dar. Die Empfangsfeldstärke ist abhängig vom Streuwinkel (der seinerseits eine Funktion der Brechung in der Atmosphäre und der Streckengeometrie ist), vom Spektrum der vertikalen Brechungsindexverteilung und der Wellenlänge.

Gradientreflexion

Häufig wird in der Literatur auch der Mechanismus der sog. Gradientreflexion ("partial internal reflexion") genannt (Caroll [34], Feinstein [35]). Das Empfangsfeld wird dabei durch partielle Reflexion an kleinsten Brechungsindexgradienten gedeutet und ist daher auch in einer Atmosphäre mit stetiger Brechungsindexabnahme vorhanden. Physikalisch handelt es sich dabei - wie Northover zeigte [36] - um Vorgänge einer kohärenten molekularen Streuung. Dieser Effekt ist in praxi jedoch schwer nachzuweisen, da er von anderen Mechanismen überlagert wird. Der Mechanismus der Gradientreflexion enthält eine Kritik an der Konzeption des effektiven Erdradius zur Erfassung von Brechungseffekten, weil dieses Modell ja eine "atmosphärelose" Erde voraussetzt und so nur Brechungseinflüsse, keine Reflexionseinflüsse, berücksichtigt.

Wellenleitung

Bei starker Superrefraktion versagt das k-Typ-Modell (k wird unendlich bzw. negativ) zur Berechnung der Feldstärke. Es wird das Modell der Wellenleitung eingeführt. Die Theorie dieses Mechanismus wird wegen der dominierenden Bedeutung von Wellenleitungseinflüssen für die vorliegenden Richtfunkverbindungen im nächsten Kapitel ausführlicher erörtert.

4.2. Das Fading

Während für das absolute Niveau der Feldstärke die örtlichen Unterschiede im Brechungsindexfeld verantwortlich sind, werden die Fluktuationen des Empfangssignals, das sog. Fading, durch die zeitlichen Änderungen des Ausbreitungsmediums bewirkt.

Kurzperiodisches Fading

Bei Ausbreitung in einem turbulenten Medium kann man das Empfangsfeld auffassen als Überlagerung eines sich nur langsam ändernden Hauptfeldes (hervorgerufen durch die mittleren Schwankungen des Brechungsindexfeldes z. B. im Verlaufe eines Tages) mit einem sich zeitlich mehr oder weniger rasch ändernden Teilfeld, das durch Interferenzen vieler gleichzeitig eintreffender Wellen mit zeitlich zufällig verteilten Phasen und Amplituden zustande kommt [37]. Die physikalische Ursache ist durch den Doppler-Effekt gegeben. Ein kurzperiodisches Fading (Fadingtypen A und B, siehe Abschnitt 3.1.2.) läßt auf ein zeitlich stark variierendes Ausbreitungsmedium schließen. Solche Situationen treten bei kräftiger Durchmischung der Atmosphäre, hervorgerufen durch höhere Windgeschwindigkeiten oder stark instabile (konvektive) Schichtung, auf. Die typische Form dieses Fadings findet man bei Scatterausbreitung.

Langperiodisches Fading

Bei ruhiger, stabil geschichteter Atmosphäre, wie sie häufig bei antizyklonalen Wetterlagen auftritt, nimmt die Fadingfrequenz ab bzw. ein Fading fehlt völlig (Fadingtypen C oder D). Die Empfangsfeldstärke erreicht im Mittel ein hohes Niveau; Einflüsse ausgedehnter und intensiver Inversionsschichten werden wirksam. Es kann zur Reflexion der einfallenden elektromagnetischen Wellen kommen, wobei eine Überlagerung (Interferenzfading) des reflektierten Anteils mit einer anderen Komponente (z. B. dem Beugungsfeld oder dem durch Ductleitung hervorgerufenen Feld) eintritt, oder das dominierende "Reflexionsfeld" schwankt in Abhängigkeit von den relativ langsam vor sich gehenden Veränderungen der reflektierenden Grenzfläche. Z. B. kommt es gelegentlich an derartigen Grenzflächen zur Ausbildung von internen Wellen; dann ändern sich Höhe und Einfallswinkel, was zu langsamen Feldstärkeschwankungen führt.

Im Falle eines kräftigen Advektionswellenleiters (gekoppelt mit einer Bodeninversion) können Schwankungen der Ductobergrenze zu einem ähnlichen Schwundbild führen. Bei Überlagerung mehrerer modes im Wellenleiter wird es ebenfalls zu einem Interferenzfading mit ausgeprägten Minima kommen (siehe Abschnitt 6).

Da eine enge Verbindung zwischen dem Schwundbild und der Struktur der Atmosphäre besteht, kann durch Aufspaltung der Feldstärkekollektive in verschiedene Schwundtypen auch gleichzeitig eine grobe Einteilung nach Ausbreitungsmechanismen erfolgen. Jedoch ist die Zuordnung nicht eindeutig.

5. ATMOSPHÄRISCHE WELLENLEITER

5.1. Strahlenoptische Definition

In der Atmosphäre nimmt der Brechungsindex n normalerweise mit der Höhe ab; infolgedessen nimmt die Phasengeschwindigkeit v der Welle ($v = c/n$, c: Lichtgeschwindigkeit im Vakuum) mit der Höhe zu, d. h. es erfolgt eine Krümmung der Strahlen zur Erde hin. Die Krümmung der Strahlbahnen wird allgemein durch den Gradienten des Brechungsindexfeldes bestimmt:

$$\frac{1}{\varrho} = - \frac{\text{grad } n}{n} \sin \gamma \qquad (7a)$$

bzw. (wie in unserem Fall von Interesse) für waagerechte Strahlen in einer horizontal geschichteten Atmosphäre:

$$\frac{1}{\varrho} = - \frac{1}{n} \frac{\partial n}{\partial z} \qquad (7b)$$

(ϱ : Krümmungsradius der Strahlbahn, γ : Winkel des Strahles gegen die Richtung des Brechungsindexgradienten). Der Gradient des Brechungsindex beträgt in der Normalatmosphäre $-0{,}039 \cdot 10^{-6}/\text{m}$ (Krümmungsfaktor $k = 4/3$), was einem Krümmungsradius der Funkstrahlen von 8500 km entspricht. Wird die Strahlkrümmung größer als die Erdkrümmung ($\varrho < r$, r: Erdradius) und besitzt sie dasselbe Vorzeichen wie diese, dann können die Strahlen nicht mehr aus der Erdatmosphäre entweichen, sondern werden zur Erdoberfläche zurückgebrochen bzw. verlaufen im Grenzfall parallel zur Erdoberfläche. Die Zone zwischen der Erdoberfläche und der höchsten Erhebung des Strahles (Umkehrpunkt), in welcher der Strahl sich also in aufeinanderfolgenden Sprüngen hin und her bewegt (von der Erdoberfläche reflektiert, im Medium kontinuierlich gebrochen), wird als Wellenleiter bezeichnet, in Analogie zum technischen Hohlleiter. Schichten mit derart starken Gradienten treten auch in der Höhe auf; dann werden die Strahlen zwischen zwei Umkehrpunkten in der Atmosphäre hin und her geleitet. Die strahlenoptische Definition für Wellenleiterbedingungen ist gegeben durch ($n \approx 1$):

$$-\frac{\partial n}{\partial z} > \frac{1}{r} = 0{,}157 \cdot 10^{-6}/\text{m} \text{ bzw. } -\frac{\partial N}{\partial z} > \frac{10^6}{r} = 0{,}157/\text{m}; \qquad (8)$$

($N = (n-1) \cdot 10^6$, genannt Brechungswert). Für beliebige Strahlneigung ist der Einfallswinkel zu berücksichtigen (siehe Gleichung 7a). Dann sind stärkere Brechungsindexgradienten zur Erfüllung der Wellenleiterbedingungen erforderlich.

5.2. Definition der Wellenleiterdicke

Man unterscheidet Bodenwellenleiter (ground ducts) und freie Wellenleiter (elevated ducts). Einzelheiten und die Definition der Dicke der verschiedenen Wellenleitertypen gibt die folgende Skizze (nach Booker [40]):

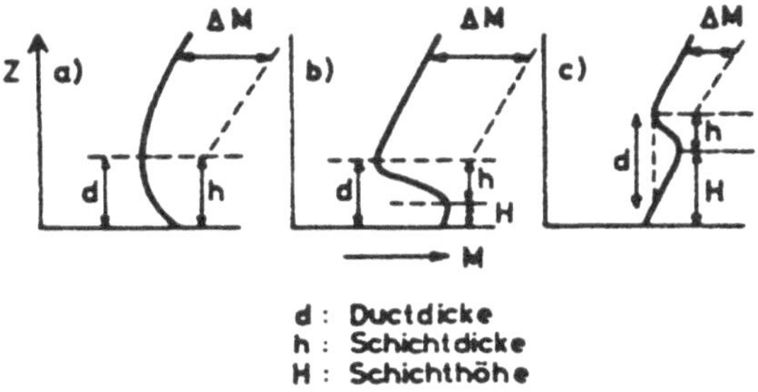

Aufgetragen ist der modifizierte Brechungswert $M = N + 10^6 \cdot z/r$, der sich besonders für Ductuntersuchungen eignet, da M in Wellenleitern mit der Höhe abnimmt. Man unterscheidet hiernach drei Typen von Wellenleitern:

a) den reinen Bodenwellenleiter, bei dem die M-Inversion an der Erdoberfläche beginnt,
b) den Bodenwellenleiter bei erhöht liegender M-Inversion (freie Inversion)
c) den freien Wellenleiter, der mit einer freien M-Inversion verknüpft ist.

Die Dicke des Wellenleiters ist im Fall a) und b) definiert durch den Abstand zwischen dem Minimum des M-Profils ($\partial M/\partial z = 0$) und der Erdoberfläche, im Falle c) durch den Abstand zwischen dem Minimum im M-Profil und der Höhe, in der das Lot (gezogen vom Minimum) das M-Profil schneidet. Der uns speziell interessierende Verdunstungswellenleiter ist ein reiner Bodenwellenleiter vom Typ a).

5.3. Entstehungsursachen

Ein Wellenleiter kann entstehen durch Advektion von Luftmassen, Absinkbewegungen in Hochdruckgebieten oder ganzen Zirkulationsgürteln, Strahlungseffekte sowie Austausch- und Turbulenzvorgänge, im wesentlichen also durch alle Vorgänge, die zur Bildung von Inversionen in der Atmosphäre Anlaß geben.

Advektionswellenleiter treten besonders häufig in Küstennähe auf bei Heranführung von trockenen, warmen Landluftmassen über eine feuchte, kühlere Wasseroberfläche und können bei entsprechender Lage in den großen Zirkulationssystemen der Erde zur stationären Erscheinung werden. Z. B. weht vor der Ostküste Neuseelands fast ständig ein Nordwest- bis Westwind (Einfluß des Subtropenhochs), der durch Föhneffekte an den nordsüd verlaufenden Südalpen besonders trocken wird. So kommt es über dem Meer zur stationären Ausbildung eines Advektionswellenleiters mit einer charakteristischen Abhängigkeit der Wellenleiterdicke und des Gradienten von der Küstenentfernung. Hier wurden die unter dem Namen Canterbury-Project bekanntgewordenen Ductexperimente [38, 39] durchgeführt.

Im Gebiet unserer Richtfunkstrecken treten kräftige Advektionswellenleiter nur gelegentlich - vorwiegend in den Sommer- und Herbstmonaten - auf. Sie sind meistens gekoppelt mit Schönwetterperioden, d. h. es liegen antizyklonale Wetterlagen mit einer südlichen Komponente der Bodenströmung und starker Einstrahlung vor.

Strahlungseffekte bewirken insbesondere nachts in sehr trockenen Gebieten eine starke Temperaturzunahme mit der Höhe, die so kräftig sein kann, daß es zur Ausbildung eines Wellenleiters kommt.

Durch Absinkbewegungen innerhalb der großen Zirkulationssysteme wird z. B. die Passatinversion gebildet, die ebenfalls die meteorologische Bedingung der Ductentstehung erfüllt. In unseren Breiten kommt es in Hochdruckgebieten zur Ausbildung entsprechender Absinkinversionen, die häufig mit freien Wellenleitern gekoppelt sind.

Durch Turbulenz- und Austauschprozesse entsteht insbesondere auch der Verdunstungswellenleiter in den untersten Schichten über dem Meer.

6. DIE THEORIE DER WELLENLEITUNG

6.1. Modell der Ausbreitungsvorgänge [2o-22, 4o-43]

Für viele Probleme genügt es, den atmosphärischen Wellenleiter auf der Grundlage der Strahlenoptik zu definieren, wie es in Kapitel 5 geschah. Die geometrisch-optische Betrachtungsweise sagt jedoch nichts über die Wellenlängenabhängigkeit aus und erklärt eine Erhöhung der Empfangsfeldstärke insbesondere nur dann, wenn beide Antennen im Duct liegen.

Die Theorie der Ausbreitung im atmosphärischen Wellenleiter muß deshalb mit Hilfe der Wellenoptik behandelt werden. Die Ausbreitungsvorgänge ähneln denen in einem metallischen Wellenleiter, der in unserem speziellen Fall durch zwei mehr oder weniger ideal reflektierende Wände begrenzt wird und in der Horizontalen beliebig weit ausgedehnt ist. Man kann das Empfangsfeld als Interferenzvorgang von Wellen beschreiben, die an den Begrenzungen reflektiert werden. Die beiden sich kreuzenden Wellen formen eine Hohlleiterwelle oder einen mode (siehe Skizze). Damit die reflektierten Wellen sich bei der Interferenz nicht gegenseitig auslöschen, muß zwischen den an der oberen und an der unteren Grenze reflektierten Wellen eine bestimmte Phasenbedingung eingehalten werden, so daß sich der Interferenzvorgang periodisch wiederholen kann. Diese Vorschrift entspricht einer Resonanzbedingung und gibt eine Beziehung zwischen der Ductdicke, dem Einfallswinkel, der Wellenlänge und der mode-Zahl.

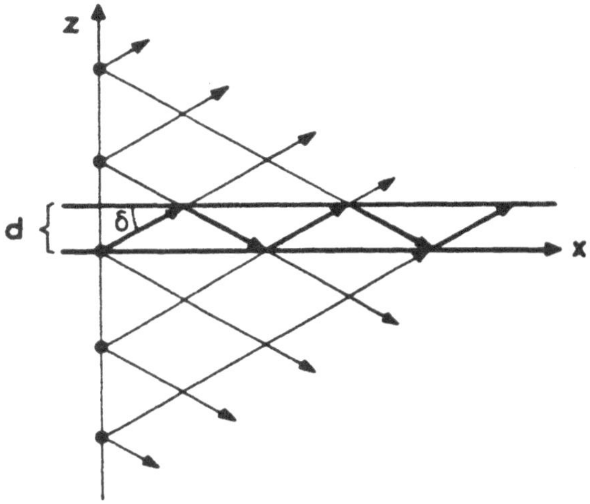

Bildung eines mode aus zwei sich kreuzenden Wellenzügen [42]

Im einfachen Fall des durch zwei ideal leitende Ebenen begrenzten, materiefreien Wellenleiters erhält man praktisch die Bragg'sche Interferenzbedingung. Ist d der Abstand der beiden Ebenen (Wellenleiterdicke), so verläuft der Interferenzvorgang einer unter dem Winkel δ an der oberen Grenze einfallenden und dort reflektierten Welle nur dann ungestört (siehe obige Skizze), wenn die Beziehung

$$j \lambda = 2 d \sin \delta \quad , (j = 1, 2, 3 \ldots)$$

besteht. Allgemein leitet man für Ausbreitungsvorgänge im Wellenleiter mit den Grenzen z = o und z = d die sog. mode-Bedingung (Kriterium der Phasenintegralmethode) ab [42]:

$$(9) \qquad R(\delta)\, R_g(\delta) \exp[-2i\, k\, n\, d \sin \delta] = 1$$

R: Reflexionskoeffizient an der Ductobergrenze

R_g: Reflexionskoeffizient am Boden

$k = 2\pi/\lambda$: Wellenzahl

δ : Glanzwinkel

d : Wellenleiterdicke

n : Brechungsindex des im Wellenleiter befindlichen Ausbreitungsmediums (= const)

Diese Bedingung ergibt sich durch Überlagerung einer an der Obergrenze und Untergrenze reflektierten Welle. Es werden beliebige Phasensprünge bei Reflexion an den Grenzflächen berücksichtigt. Für den oben genannten Spezialfall (Begrenzung des Wellenleiters durch zwei ideal leitende Wände) erhält man, da $R = R_g = 1$ ist:

$$\exp [-2i\, k\, d \sin \delta\,] = 1, \text{ bzw. } k\, d \sin \delta = j\pi \text{ oder } d = j\, \lambda/2 \sin \delta .$$

Zum Vergleich sei daran erinnert, daß die kritische Dicke für einen metallischen Rechteckhohlleiter durch $d = \lambda/2$ gegeben ist.

Für ein sich mit der Höhe kontinuierlich änderndes Ausbreitungsmedium, in dem n und δ nicht mehr konstant sind, schreibt man die mode-Bedingung:

$$(10) \qquad R(\delta)\; R_g(\delta)\; \exp 2i\, k \int_{z=o}^{z=d} q\, dz = 1$$

Das Integral beschreibt die Phasenänderung der Welle beim Durchlaufen des Ausbreitungsmediums zwischen den Grenzen des Wellenleiters z = o und z = d. Die von Booker [4o] eingeführte Ausbreitungsvariable ("propagation vector") q ist gegeben durch:

$$(11) \qquad \left(\frac{n^*}{n_o^*}\right)^2 = q^2 + \cos^2 \psi$$

Dabei ist ψ der Erhebungswinkel am Sender; n^* bezeichnet den modifizierten Brechungsindex: $n^* = n + z/r$. Er hängt mit dem normalerweise benutzten modifizierten Brechungswert M zusammen durch $M = (n^* - 1) \cdot 10^6$.

Die mode-Bedingungen (Gleichung 9 bzw. 1o) zeigen, daß der von uns betrachtete Typ des atmosphärischen Wellenleiters lediglich ein bestimmter Sonderfall ist. Der Begriff eines atmosphärischen Wellenleiters wird insbesondere auch von Seiten der Theoretiker viel weiter gefaßt. Für den bisher betrachteten atmosphärischen Wellenleitertyp (siehe Abschnitt 5. 1.) wird die Strahlumkehr ("totale innere Reflexion") durch Refraktionswirkungen hervorgerufen. Doch kann eine "Umkehr" des Strahls auch durch reine Reflexion an einer Sprungschicht des Brechungsindex erfolgen. Dabei ist es im Prinzip gleichgültig, ob es sich um einen unstetigen Sprung des Brechungsindex handelt oder um einen stetigen Übergang zwischen zwei Schichten mit unterschiedlichem Brechungsindex. Im letzteren Fall kommen wir für den Grenzfall einer Bodeninversion wieder auf den von uns diskutierten Wellenleitertyp. Auch in der Atmosphäre kommen Wellenleiter vor, die durch eine mehr oder weniger scharfe Sprungstelle des Brechungsindex begrenzt sind.
Man kann formal zwischen einem "Mechanismus der Reflexion" und einem der "Wellenleitung" unterscheiden. Die Grenze zwischen beiden Mechanismen ist durch die

mode-Bedingung (Gleichung 9) gegeben und hängt im konkreten Fall von der Höhe der Sprungschicht über der Erdoberfläche bzw. Höhe der Strahlumkehr und dem Einfallswinkel ab.
Nach der mode-Bedingung kann das benutzte Interferenzmodell auch bei partieller Reflexion angewendet werden. Voraussetzung ist nur, daß die Höhe des Reflexionspunktes, der Einfallswinkel und der Reflexionskoeffizient bekannt sind. Im allgemeinen wird aber nur dann vom Mechanismus der Wellenleitung gesprochen, wenn außerdem die Bedingungen für eine Totalreflexion erfüllt sind ($\delta^2 \leq 2\Delta n$).

Beim Wellenleiter, in dem die Strahlumkehr durch Refraktion erfolgt, also dem von uns normalerweise als atmosphärischer Wellenleiter bezeichneten Typ, zu dem auch der maritime Wellenleiter gehört, ist üblicherweise diese Forderung implizit bei Berechnung der kritischen Ductdicke berücksichtigt. Nach Booker erhält man die kritische Ductdicke für Bodenwellenleiter aus der Gleichung

$$\text{(12a)} \qquad \int_o^d q \, dz = \frac{\lambda}{2}(j - \frac{1}{4}) \; ,$$

wenn man weiter berücksichtigt, daß die Höhe des Reflexionspunktes (Strahlumkehr) durch die Bedingung q = o gegeben ist. Im Fall einer linearen M-Abnahme ergibt sich die kritische Ductdicke zu [44]:

$$\text{(12b)} \qquad d_{krit} = - \frac{1}{2} \frac{\partial M}{\partial z} [\frac{3}{2} \lambda - \frac{\partial M}{\partial z} (j - \frac{1}{4})]^{2/3}$$

bzw. zusammengefaßt für den 1. mode:

$$\text{(12c)} \qquad d_{krit(1)} = 54,1 \cdot \lambda^{2/3} [- \frac{\partial M}{\partial z}]^{-1/3}$$

Für den 2. mode ergibt sich:

$$\text{(12d)} \qquad d_{krit(2)} = 95,2 \cdot \lambda^{2/3} [- \frac{\partial M}{\partial z}]^{-1/3} \; .$$

Die Lösung der Bedingung 12a mit den von Booker [4o] angenommenen Potenzprofilen bei verschiedenen Exponenten (siehe Gleichung 14) wurde von Knighting [45] ausführlich diskutiert.

Für die von uns benutzten Wellenlängen (horizontale Abstrahlung) sind in der Tabelle 3 die kritischen Ductdicken für vier Werte einer linearen M-Abnahme mit der Höhe ($\partial M/\partial z$ = -o,o12/m, -o,12/m, -o,24/m und -o,48/m) sowie für das von Booker-Walkinshaw benutzte Potenzprofil mit Exponenten von o,o5, o,1, o,2 und o,5 angegeben.

Tabelle 3: Kritische Wellenleiterdicken [m]

$\partial M/\partial z$:	a) lineare M-Abnahme 1. mode:	2. mode	b) Potenzprofile nach Booker Exponent m:	1. mode
		1) 4,4 cm-Wellenlänge		
-o,o12/m	29,4	51,8 m	o,5	2o,8 m
-o,12	13,7	48,o m	o,2	17,o m
-o,24	1o,9	19,1 m	o,1	7,1 m
-o,48	8,6	15,2 m	o,o5	6,2 m
		2) 13,1 cm-Wellenlänge		
-o,o12	6o,9	1o7,3 m	o,5	43,2 m
-o,12	28,3	49,8 m	o,2	35,2 m
-o,24	22,4	39,5 m	o,1	14,7 m
-o,48	17,8	31,4 m	o,o5	12,9 m
		3) 53 cm-Wellenlänge		
-o,o12	154,8	272,3 m	o,5	1o9,7 m
-o,12	71,8	126,4 m	o,2	89,5 m
-o,24	57,o	1oo,3 m	o,1	37,4 m
-o,48	45,2	79,6 m	o,o5	32,7 m
		4) 187 cm-Wellenlänge		
-o,o12	358,7	631,2 m	o,5	254,2 m
-o,12	166,5	293,o m	o,2	2o7,3 m
-o,24	132,1	232,5 m	o,1	86,7 m
-o,48	1o4,9	184,6 m	o,o5	75,8 m

6.2 Vorliegende Lösungen für Ductausbreitung [2o, 22, 42, 46]

Die Theorie der elektromagnetischen Wellenausbreitung gibt die Unterlagen, um das Feld, welches von einer Strahlenquelle erzeugt wird, in der Entfernung d und der Höhe h über dem Erdboden zu berechnen. Hierzu sind die Maxwell'schen Gleichungen bei gegebener Verteilung des Brechungsindex für bestimmte Randbedingungen zu lösen. Insbesondere treten erhebliche Schwierigkeiten auf, wenn ein Wellenleiter vorliegt. Es gibt deshalb nur wenige geschlossene Lösungen des Problems. Die bekannten Theorien, die vor allem in der troposphärischen Ausbreitung eine Rolle spielten, seien hier kurz aufgeführt. Sie erklären im Prinzip die typischen Eigenschaften der Ductausbreitung wie Wellenlängenabhängigkeit, Einfluß des Gradienten, Einfluß der Antennenhöhe, Schattenzonen etc. und beschreiben qualitativ die gefundenen Beobachtungstatsachen.

Folgende Profilformen wurden behandelt:

1 a) Zwei-Schichtenmodell mit einem konstanten Brechungsindex n_1 bis zur Höhe d (Ducthöhe) und einem konstanten Brechungsindex n_2 darüber, wobei $n_2 < n_1$ (Eckart - Kahan [47]).

1 b) Das gleiche Modell, nur daß statt des Brechungsindex n der modifizierte Brechungsindex M benutzt wurde (Schelkunoff [s. 88]). Dieses Modell wurde von Anderson und Gossard zur Vorhersage von Radargrenzreichweiten herangezogen.

2) Bi-lineares Brechungsindexprofil (Furry, Freehafer [2o])

(13a) $$\left(\frac{n^*}{n_o^*}\right)^2 = 1 + p' \, (z - d), \quad z < d$$

(13b) $$\left(\frac{n^*}{n_o^*}\right)^2 = 1 + q' \, (z - d), \quad z > d$$

(13c) $$\left(\frac{n^*}{n_o^*}\right)^2 = 1 \quad , \quad z = d$$

$n^* = n + z/r$: modifizierter Brechungsindex,

p' : Gradient von n^{*2} im Duct,

q' : Gradient oberhalb des Duct (meistens wird hierfür der Wert in einer Normalatmosphäre angenommen).

Mit diesem Modell konnten viele troposphärische Ausbreitungsexperimente beschrieben werden, wobei z. T. auch quantitativ eine gute Übereinstimmung erzielt wurde [2o, 21].

3) Potenzprofil des Brechungsindex (Booker-Walkinshaw [4o], Hartree [46])

$$(14) \qquad \left(\frac{n^*}{n_o^*}\right)^2 = 1 + 2q \left[z - \frac{d}{m}\left(\frac{z}{d}\right)^m\right]$$

q : Gradient (von n*) in der Normalatmosphäre ($0,12 \cdot 10^{-6}$/m); der von der Stabilität der Schichtung abhängige Exponent m wird aus dem Potenzansatz für das Windprofil $u/u_1 = (z/z_1)^m$ entnommen (siehe Abschnitt 12. 2.), wobei $0 < m < 1$ ist. Dieses Modell wurde ebenfalls wiederholt zu quantitativen Feldstärkeberechnungen herangezogen [z. B. 48, 49, 5o].

Eine Erweiterung dieser Theorie auf eine horizontal-inhomogene Brechungsindexverteilung, wie sie insbesondere im Fall von Advektionswellenleitern in Küstengebieten auftritt, wurde von Hay und Unwin [51] gegeben.

4) Linear-exponentielles Brechungsindexprofil (Pekeris [52, 53], Hartree [46])

$$(15) \qquad \left(\frac{n^*}{n_o^*}\right)^2 = 1 + 2q\,z + a\,e^{-b\,z}$$

a, b = const., $a > 0$ entspricht einem Bodenduct, d. h. $(n^*/n^*_o) = 1$ in der Ductobergrenze. Hiermit konnte Pekeris insbesondere die von Katzin, Bauchmann und Binnian [54] mit Wellenlängen von 3 und 9 cm durchgeführten Experimente über See erklären.

5) Epstein-Profil (Eckart [55], Gazaryan [s. 22])
Es wurden spezielle vereinfachte Formen des sog. Epstein-Profils betrachtet, dessen allgemeine Form gegeben ist durch:

$$(16) \qquad k^2 = (k_o\,n)^2 = a' + b' \frac{e^{c'z}}{1+e^{c'z}} + d' \frac{e^{c'z}}{(1+e^{c'z})^2}$$

(k : Wellenzahl, k_o : Wellenzahl im Vakuum, a', b', c', d' = const).

6) Parabel-Profil
Fehlhaber [56] untersuchte mit Methoden der Strahlenoptik die Empfangsfeldstärke in Abhängigkeit von der Ductdicke und der Wellenlänge speziell für die von uns betriebenen Richtfunkstrecken bei Annahme eines Parabel-Profils und konnte eine qualitative Übereinstimmung mit den Messungen erzielen.

$$(17) \qquad M - M_d = \frac{0,06}{d}\,(z - d)^2$$

d : Ductdicke
M_d : Modifizierter Brechungswert in Höhe der Ductobergrenze

In Bezug auf Einzelheiten sei auf die Originalveröffentlichungen oder zusammenfassende Werke über die elektromagnetische Wellenausbreitung verwiesen.

6.3. Feldstärkeberechnungen nach der Theorie von Booker-Walkinshaw

Dem Problem der Wellenausbreitung auf See am besten angepaßt ist die Theorie von Booker-Walkinshaw [4o], die für Potenzprofile des Brechungsindex gilt. Für diese Theorie wurden Diagramme veröffentlicht, die leicht eine Bestimmung der Feldstärke für praktische Fälle gestatten.
Die Theorie wurde speziell für Bodenwellenleiter über See entwickelt. Bei der Ableitung des Profils (siehe Gleichung 14) wurden austausch-theoretische Gesichtspunkte berücksichtigt [57, 4o]. Die Profile der angegebenen Form stellen mit geeigneten Exponenten gute Interpolationsformeln der wirklichen Verhältnisse dar.

Booker und Walkinshaw bzw. Hartree u. a. haben die Lösungen für Exponenten von o,1, 1/7, 1/5, o,3 und o,5 bestimmt und die Ergebnisse für m = 1/5 und 1/2 veröffentlicht. m = 1/5 stellt einen für leicht stabile Schichtung akzeptablen Wert dar, m = 1/2 dürfte in der maritimen Grenzschicht nur bei extrem stabilen Lagen vorkommen, gibt aber offenbar für gewisse Advektionswellenleiter eine gute Annäherung der Profilformen.

Nach der mode-Theorie von Booker-Walkinshaw [4o, 46] wird das Empfangsfeld in der Entfernung d vom Sender und in einer Höhe h durch eine Summe von Eigenfunktionen (siehe Abschnitt 6.1.) dargestellt in der Form:

$$E(d,h) = \Sigma \; a_i \; f_i(d) \; g_i(h),$$

d.h. der Sender regt alle möglichen Wellentypen an, die verschiedene Ausbreitungs- und Dämpfungseigenschaften haben. a_i entspricht der Intensität der Anregung des i-ten mode, $f_i(d)$ bzw. $g_i(h)$ geben die Entfernungs- bzw. Höhenabhängigkeit des entsprechenden mode an. Es wird ein homogener Duct entlang der ganzen Richtfunkverbindung vorausgesetzt sowie eine ideal leitende Erdoberfläche.

Die Feldstärke als Funktion der Wellenleiterdicke, Wellenlängenabhängigkeit

Das Ergebnis der nach Booker-Walkinshaw durchgeführten Feldstärkeberechnungen (1. mode) für die benutzten Richtfunkstrecken ist in Abbildung 3a gegeben mit der Feldstärke (bezogen auf das Freiraumniveau) in der Ordinate und der Wellenleiterdicke in der (logarithmisch geteilten) Abszisse. Um die Wellenlängenabhängigkeit noch deutlicher zum Ausdruck zu bringen, wurde die entsprechende Beziehung auch für eine seit Herbst 1963 im Einsatz befindliche 2o GHz-Strecke (ungefähr gleiche geometrische Eigenschaften wie die 6oo MHz-Strecke) in die Abbildung eingetragen.

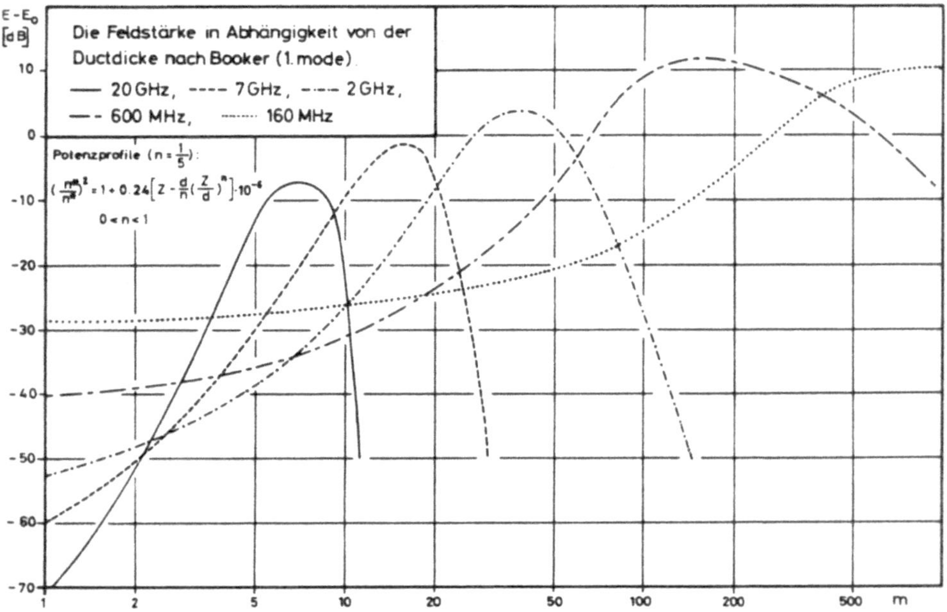

Abb. 3a. Feldstärke als Funktion der Ductdicke (1. mode)

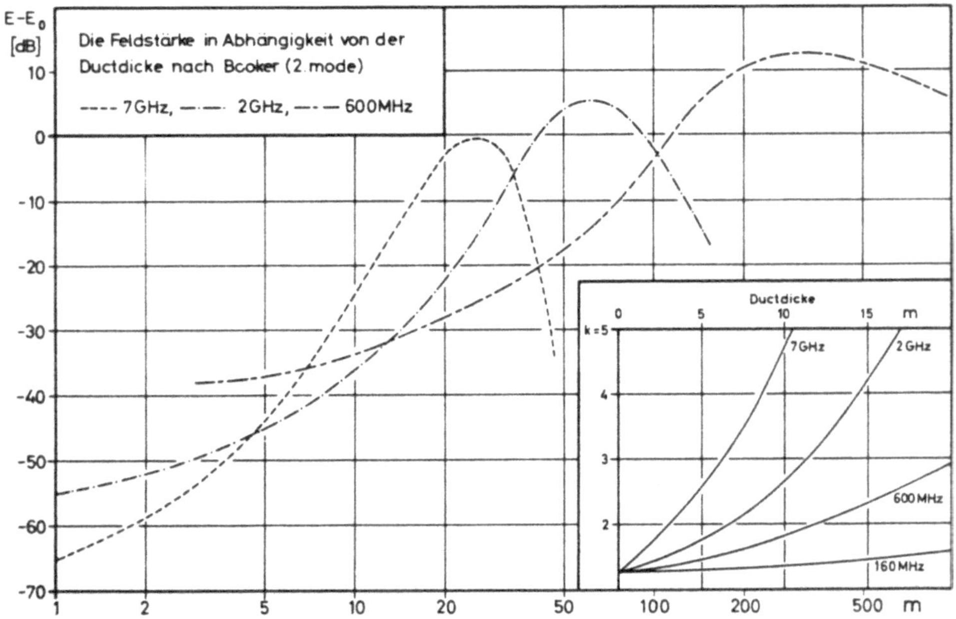

 Abb. 3b. Feldstärke als Funktion der Ductdicke (2. mode)

Liegt kein Wellenleiter vor, so ergibt sich die durch Beugung und Brechung verursachte Feldstärke, die einem Krümmungsfaktor von k = 5/4 entspricht (ideal durchmischte Atmosphäre, siehe Abschnitt 8.4.). Das absolute Niveau der Feldstärke ist in diesem Fall, wie auch bei geringen Wellenleiterdicken, umso höher, je länger die benutzte Wellenlänge der Strahlung ist. Mit zunehmender Wellenleiterdicke wächst die Feldstärke jedoch umso kräftiger an, je kürzer die Wellenlänge ist und erreicht ihr erstes Maximum in der Nähe des Freiraumwertes, ebenfalls umso früher, je kürzer die Wellenlänge ist. Diese Höhe entspricht der kritischen Wellenleiterdicke für das gegebene Brechungsindexprofil und die vorliegenden geometrischen Bedingungen. Die kritischen Höhen betragen für die betrachteten Richtfunkstrecken etwa 7 m (1,8 cm-Strecke), 16 m (4,4 cm-Strecke), 4o m (13 cm-Strecke), 15o m (53 cm-Strecke) und mehr als 5oo m (187 cm-Strecke). Ein scharfer Sprung der Feldstärke nach Erreichen der kritischen Wellenleiterdicke - wie im metallischen Hohlleiter - wird nicht gefunden; vielmehr findet eine allmähliche Abnahme der Übertragungsdämpfung statt. Ein intensiver Anstieg der Feldstärke mit der Wellenleiterdicke erfolgt aber umso früher, je kürzer die Wellenlänge ist.

Der Feldstärkewert im 1. Maximum ist umso höher, je länger die benutzte Wellenlänge ist und liegt bei der 1,8 cm-Strecke etwa 7 dB, bei der 4,4 cm-Strecke etwa 1 dB unter dem Freiraumwert. Die Feldstärke der 13 cm-Strecke dagegen steigt bis 3,5 dB, die der 53 cm-Strecke bis 11,5 dB und die der 187 cm-Strecke ebenfalls bis mehr als 1o dB über den Freiraumwert an.

Da auch die Feldstärkemaxima des 2. mode kaum höher liegen als die des 1. (siehe Abbildung 3b) kann es - bei voll ausgebildeter Wellenleitung auf mehreren Wellenlängen - vorkommen, daß die Höchstfeldstärken der längeren Wellen die der kürzeren übertreffen. Solche Situationen werden gelegentlich beim Auftreten starker Advektionswellenleiter (gekoppelt mit den Fadingtypen C und D) beobachtet. Da der Verdunstungswellenleiter jedoch nur selten Dicken von 2o m übersteigt, kommt es (beim Auftreten der Fadingtypen A und B) lediglich für die 4,4 cm-Strecke zur totalen Wellenleitung mit Feldstärkewerten in der Nähe des Freiraumwertes.

Die Feldstärke für den 2. mode wurde nach einer von Hartree [46] gegebenen Näherungsmethode berechnet. Es können nämlich jeweils die Eigenwerte der Lösung des 1. mode benutzt werden, wenn man eine Größe L•, die ein Maß für die Anregung eines mode ist, durch

$$L^{\bullet\prime} = L^{\bullet} + 2o \log \left[\frac{4j - 1}{3}\right]$$

ersetzt, wobei j die mode-Zahl ist. Die Maxima der 2. modes haben in unserem Fall etwa das gleiche Niveau wie die der 1. modes (Abbildung 3a). Die kritischen Wellenleiterdicken sind entsprechend größer und betragen etwa 27 m für die 4,4 cm-Strecke,

6o m für die 13 cm-Strecke und 32o m für die 5o cm-Strecke.
Die Gesamtfeldstärke ergibt sich theoretisch durch Überlagerung der verschiedenen modes, wobei jedoch die Phasenbeziehungen bekannt sein müßten. So können bei Beteiligung mehrerer modes nur die maximalen bzw. minimalen Beträge der Feldstärke angegeben werden.

Vergleich mit der Ausbreitung bei Beugung und Brechung

Wenn der Wellenleiter nicht allzu große Dicken erreicht, wie z. B. der Verdunstungswellenleiter, kann, insbesondere für m-Wellen, der Einfluß der Beugung und Brechung die Wirkung des Duct übertreffen; doch oft ist mit einer Beeinflussung zu rechnen. In Abbildung 3b (unten rechts) sind die theoretischen Werte nach der Duct- und Beugungstheorie (k-Typ-Theorie) für die betrachteten Richtfunkstrecken miteinander verglichen. Es wird angenommen, daß bei verschwindender Wellenleiterdicke die Feldstärke einem Krümmungsfaktor $k = 5/4$ ("well mixed atmosphere") entspricht. Man erkennt, daß Empfangsverhältnisse, die man für eine starke ($k = 2$) bzw. eine extrem starke ($k = 3$) Brechung hält, theoretisch schon durch relativ dünne Wellenleiter verursacht werden können. Für die 5o cm-Strecken reichen Dicken von 12 bzw. 2o m hierfür aus. Die Feldstärke der 187 cm-Strecke entspricht bei 18 m Wellenleiterdicke einem Krümmungsfaktor von $k = 1,5$. Der Verdunstungswellenleiter ist also auch für die Empfangsverhältnisse relativ langer Wellenlängen im UKW-Bereich von Bedeutung.

Einfluß des Exponenten im Brechungsindexprofil

In Abbildung 4 werden einige bekannte Ductprofile verglichen, insbesondere auch Profile nach Booker mit den Exponenten $m = o,1$, $o,2$ und $o,5$. Man sieht, daß für das Booker-Profil mit einem großen Exponenten der Gradient im Duct schwächer, derjenige oberhalb des Duct jedoch (in dem interessierenden Höhenbereich) größer wird. Übrigens weicht das für Feldstärkeberechnungen benutzte Profil mit dem Exponenten $m = 1/5$ nicht allzu stark vom logarithmischen Brechungsindexprofil ab und stimmt noch besser überein mit einem in der Turbulenztheorie benutzten Potenzansatz, der eine gute Interpolationsformel für leicht stabile Verhältnisse ($\beta = o,84$, siehe Abschnitt 12. 2.) darstellt. Die theoretischen Berechnungen mit der Theorie nach Booker-Walkinshaw sollten deshalb eine relativ gute Näherung für die wirklichen Verhältnisse geben.

Feldstärkeberechnungen mit verschiedenen Exponenten m ergeben selbst bei einer Änderung von $m = 1/5$ auf $m = 1/2$ nur unerhebliche Unterschiede für die Abhängigkeit der Empfangsfeldstärke von der Wellenleiterdicke [48, 46]. D. h. bei diesem Profil ist die

Ducthöhe der entscheidende Parameter, die Profilform selbst ist nur von zweitrangiger Bedeutung. Etwas anders liegen die Verhältnisse bei dem bi-linearen Modell, wo der Gradient einen erheblichen Einfluß auf die "Duct-Feldstärke"-Beziehung hat (siehe z.B. [21, p. 497, fig. 11 und 12]).

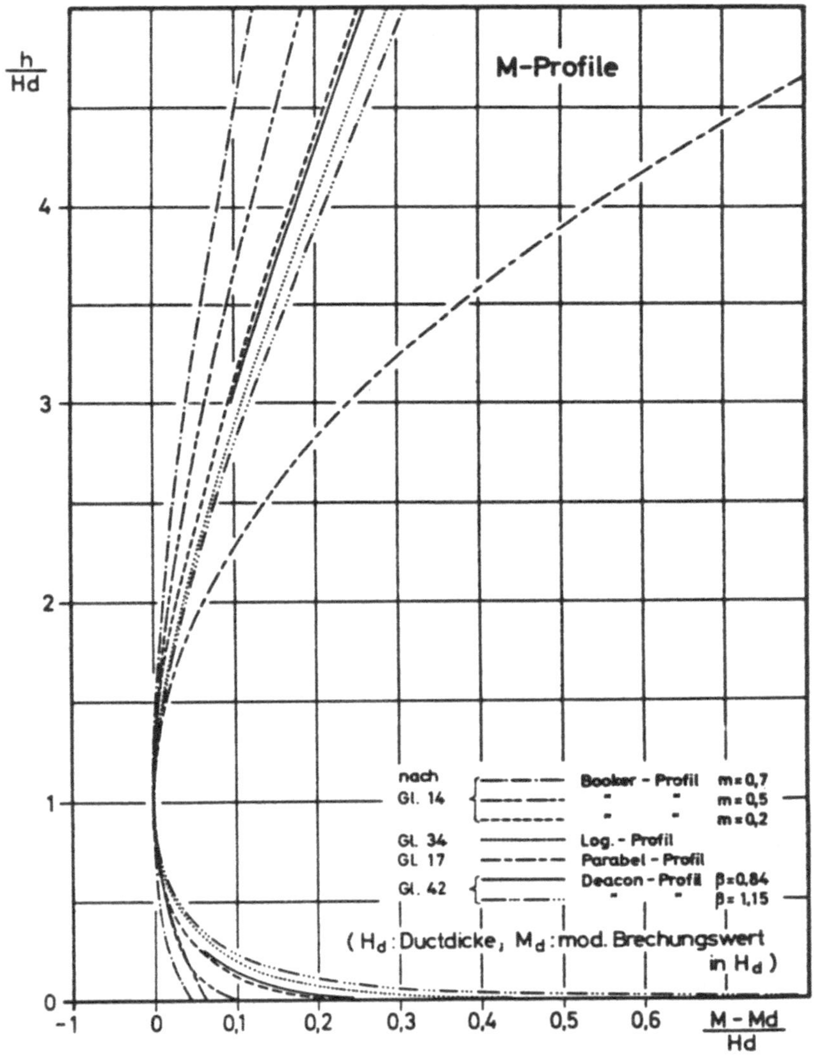

Abb. 4. Verschiedene M-Profilmodelle

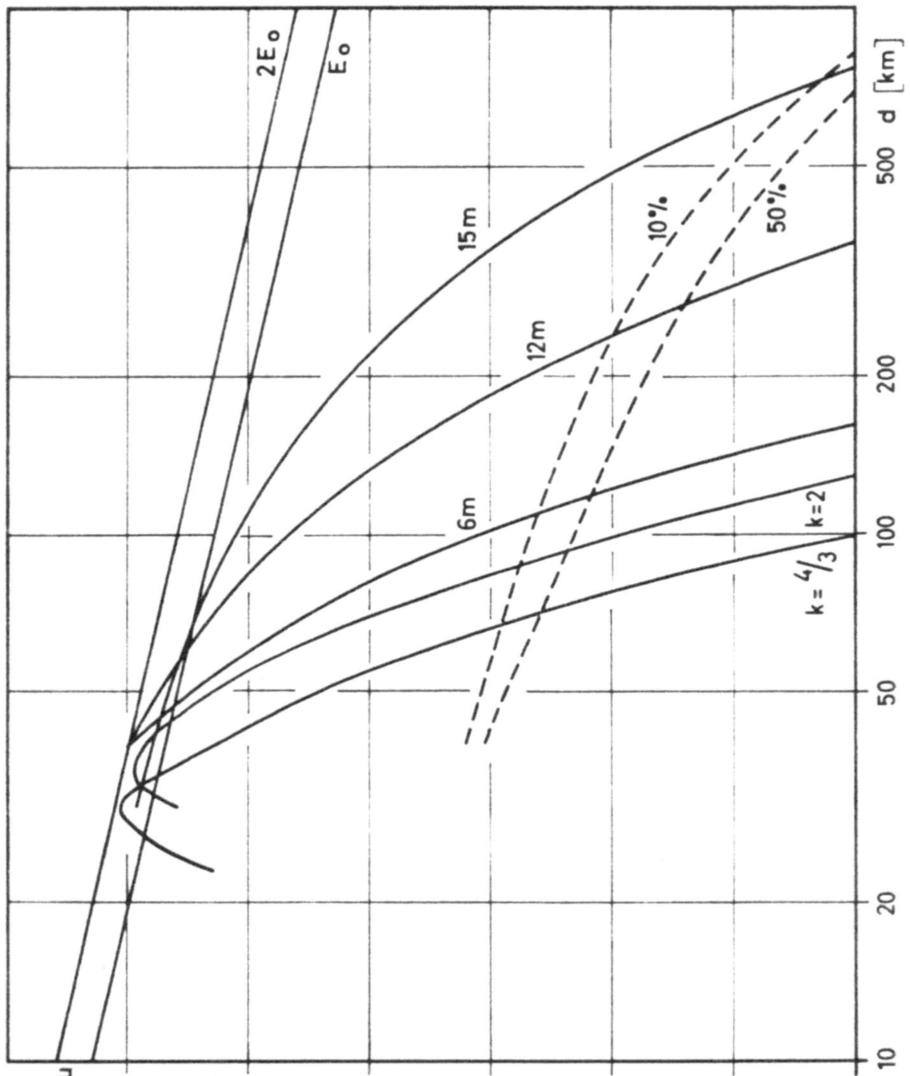

Abb.5. Entfernungsabhängigkeit der 7GHz-Feldstärke für verschiedene Krümmungsfaktoren (4/3, 2) und Ductdicken (6,12,15m) sowie empirische CCIR-Daten (50%, 10%-Werte)

Höhen- und Entfernungsabhängigkeit

Bei Ductausbreitung ergeben sich charakteristische Abhängigkeiten von den geometrischen Gegebenheiten der Richtfunkstrecken, d.h. von der Entfernung zwischen Sender und Empfänger und den Antennenhöhen.

Die Beziehung zwischen der Empfangsfeldstärke und der Ductdicke bei verschiedenen Sende- und Empfangshöhen ist für die von uns betriebenen Richtfunkstrecken an anderer Stelle ausführlicher behandelt worden [17, 58, 7]. Als wesentliches Ergebnis zeigte sich, daß nach Erreichen der kritischen Wellenleiterdicke die Empfangsfeldstärken für niedrige Antennenhöhen höher sind als jene für höhere Antennenhöhen. Bei partieller Ductleitung erhält man jedoch mit den höchsten Antennen auch das höchste Feldstärkeniveau. Experimente bestätigten die theoretischen Ergebnisse.

In der Abbildung 5 wird für die 7 GHz-Strecke die Entfernungsabhängigkeit der Feldstärke bei Wellenleiterdicken von 3 m, 10 m und 16 m (totale Ductleitung) mit derjenigen bei Beugung und Brechung (Normalatmosphäre: $k = 4/3$, kräftige Brechung: $k = 2$) verglichen. Die Feldstärkeerhöhung gegenüber dem Mechanismus der Beugung und Brechung wird deutlich, aber auch bei Wellenleitung erreicht die Dämpfung mit wachsender Entfernung beträchtliche Werte. Für Entfernungen über 300 - 600 km ist dann offenbar nur noch der Mechanismus der Scatterausbreitung wirksam. Dies zeigen insbesondere die gestrichelten Kurven, denen empirische Daten (50%- und 10%-Werte) zugrunde liegen (CCIR-Material [59]).

Die Abbildung läßt ferner erkennen, daß (insbesondere über See) mit großen positiven Abweichungen gegenüber den CCIR-Kurven zu rechnen ist, denn Ductdicken von 10 m kommen über der Nordsee im Jahresdurchschnitt immerhin in rd. 30% der Zeit vor.

Diese wenigen theoretischen Erörterungen sollen hier genügen. Ein Vergleich mit den Meßergebnissen wird in Abschnitt 9.7. gegeben.

7. DER BRECHUNGSINDEX DER LUFT ALS FUNKTION DER METEOROLOGISCHEN PARAMETER

Die Ausbreitungsbedingungen elektromagnetischer Wellen nahe der Erdoberfläche werden bis in nicht zu große Entfernungen hinter dem Horizont im wesentlichen durch den vertikalen Gradienten des Brechungsindex bestimmt. Liegen keine direkten Messungen des Brechungsindex mit Refraktometern vor, so benutzt man zur Erfassung des Brechungsindex n bzw. Brechungswertes N feuchter Luft die auf Debye zurückgehende bekannte Beziehung [60, 61]:

$$(18) \qquad (n - 1) \cdot 10^6 = N = a_1 \frac{p}{T} - a_2 \frac{e}{T} + a_3 \frac{e}{T^2}$$

p : Luftdruck [mb]

T : Lufttemperatur [°K]

e : Wasserdampfdruck [mb]

a_1, a_2, a_3: experimentell bestimmte Konstanten.

Die beiden ersten Terme in der Gleichung (Anteil der Verschiebungspolarisation) geben die Abhängigkeit des Brechungsindex vom Luftdruck, von der Lufttemperatur und von der Luftfeuchtigkeit, wie sie auch für den optischen Wellenlängenbereich des elektromagnetischen Spektrums gilt. Für Radiowellen tritt - wegen der polaren Struktur des Wassermoleküls - eine zusätzliche Abhängigkeit vom Wasserdampf auf (Orientierungspolarisation). Sie spielt im Radiowellenbereich eine dominierende Rolle (dritter Term in Gleichung 18).

Die Angaben über die experimentell bestimmten Faktoren a_1 - a_3 sind in der Literatur nicht einheitlich. In Tabelle 4 sind diejenigen von Smith und Weintraub, Essen und Froome sowie neuere Werte von Crain und Whiteford aufgeführt [61].

T a b e l l e 4: Die Konstanten a_1, a_2, a_3 in Gleichung 18

	Smith-Weintraub (1952)	Essen-Froome (1951)	Crain-Whiteford (1958)
a_1:	77,6 [°K/mb]	77,6	77,5
a_2:	5,6 [°K/mb]	12,96	12,5
a_3:	$3,75 \cdot 10^5$ [°K²/mb]	$3,72 \cdot 10^5$	$3,70 \cdot 10^5$

Für praktische Berechnungen auf dem Gebiet der Radiowellenausbreitung werden meistens die von Smith und Weintraub gegebenen Konstanten benutzt (CCIR-Beschluß 1955). Doch ist ihr Wert a_2 sehr wahrscheinlich zu gering, wie ein kritischer Vergleich aller vorliegenden Messungen zeigt [18, 61]. Im optischen Wellenlängenbereich, z. B. von den Geodäten, wird meistens der von Essen und Froome gegebene Wert für a_2 verwendet. Auch in der Radiogeodäsie wird wegen des besseren Zusammenhanges mit optischen Messungen dieser Wert benutzt. Bei radio-optischen Untersuchungen ist das a_2-Glied ohnehin von untergeordneter Bedeutung. Man verwendet hier vorwiegend den zweigliedrigen Ausdruck:

$$(19a) \qquad N = a_1 \frac{p}{T} + a_4 \frac{e}{T^2} \quad \text{bzw.}$$

$$(19b) \qquad N = 77,6 \frac{p}{T} + 3,73 \cdot 10^5 \frac{e}{T^2}$$

Dabei wird die Konstante a_4 abgeleitet aus dem zweiten und dritten Term in Gleichung 18 durch Division von e/T und Zusammenziehung der Konstanten:

$$\frac{3,75 \cdot 10^5}{T} - a_2 = \frac{a_4}{T}$$

Man erhält mit $a_2 = 6$

für $T = 273^\circ K$	$a_4 = 3,734 \cdot 10^5$
für $T = 323^\circ K$	$a_4 = 3,731 \cdot 10^5$

Mit einer Konstanten $a_2 = 10$ ergibt sich entsprechend $a_4 = 3,723 \cdot 10^5$ und $a_4 = 3,718 \cdot 10^5$. Die Unsicherheit bei Bestimmung der Konstanten a_3 ist jedoch größer als dieser Unterschied.

Durch totale Differentiation erhält man für kleine Änderungen von N - unter der Annahme, daß die Änderungen von T, p, e voneinander unabhängig sind - allgemein:

$$dN = \frac{\partial N}{\partial p} dp + \frac{\partial N}{\partial e} de + \frac{\partial N}{\partial T} dT \tag{20a}$$

bzw. wenn man die Änderungen des Brechungswertes mit der Höhe betrachtet:

$$\frac{dN}{dz} = c_1 \frac{dp}{dz} + c_2 \frac{de}{dz} + c_3 \frac{dT}{dz} . \tag{20b}$$

Die Koeffizienten ergeben sich zu:

$$c_1 = \frac{\partial N}{\partial p} = \frac{77,6}{T} \tag{21a}$$

$$c_2 = \frac{\partial N}{\partial e} = \frac{3,73 \cdot 10^5}{T^2} \tag{21b}$$

$$c_3 = \frac{\partial N}{\partial T} = -\left(\frac{77,6\, p}{T^2} + \frac{7,46 \cdot 10^5\, e}{T^3}\right) \tag{21c}$$

Nur c_1 kann unmittelbar mit dem entsprechenden für optische Wellenlängen geltenden Glied verglichen werden. Im Ausdruck des Koeffizienten c_3 fällt für Lichtwellen das Glied $7,46 \cdot 10^5\ e/T^3$ weg und wird durch (den zu vernachlässigenden Ausdruck) $a_2\ e/T^2$ ersetzt. Hierauf ist zu achten, wenn man z. B. Vergleiche zwischen den entsprechenden Gradienten oder Wellenleitern im radio-optischen und optischen Wellenlängenbereich anstellt. Der unterschiedliche Wasserdampfeinfluß in beiden Bereichen ist bekanntlich von wesentlicher Bedeutung. Dem Koeffizienten c_2 von 4,5 (Radiowellen) steht der Wert -0,043 (Lichtwellen) gegenüber [60, 18].

Für mittlere atmosphärische Bedingungen in Bodennähe (NACA-Standard-Atmosphäre:

$T = 15^oC$, $p = 1013,3$ mb und 60% relative Feuchte) kann man schreiben:

$$\frac{dN}{dz} = 0,27 \frac{dp}{dz} + 4,5 \frac{de}{dz} - 1,26 \frac{dT}{dz} \qquad (20c)$$

Die folgende Tabelle gibt die Koeffizienten c_1, c_2, c_3 im Radiowellenbereich für verschiedene andere Temperatur- und Feuchtewerte bei einem mittleren Luftdruck von 1013,3 mb. Hierdurch soll ein Einblick in die auftretenden Variationsbreiten sowie die unterschiedlichen Einflüsse von Temperatur- und Feuchteverhältnissen gegeben werden. Denn später werden wir in den unteren Luftschichten über dem Meer entlang einer Funklinie konstante Koeffizienten benutzen.

Tabelle 5: Die Koeffizienten in der Gleichung:

$$\frac{dN}{dz} = c_1 \frac{dp}{dz} + c_2 \frac{de}{dz} + c_3 \frac{dT}{dz}$$

T	-40	-20	-10	0	10	15	30	50 [°C]
1) c_1:	0,33	0,31	0,29	0,28	0,27	0,27	0,25	0,24
2) c_2:	6,86	5,82	5,38	5,00	4,65	4,49	4,06	3,57
3) $-c_3$: f%								
0%	1,45	1,23	1,14	1,05	0,98	0,95	0,86	0,75
30%	1,45	1,24	1,17	1,12	1,10	1,11	1,20	1,57
50%	1,45	1,26	1,19	1,16	1,18	1,21	1,42	2,12
60%	1,45	1,29	1,21	1,19	1,22	1,26	1,54	2,39
80%	1,45	1,27	1,23	1,23	1,30	1,37	1,76	2,93
90%	1,45	1,28	1,24	1,25	1,34	1,42	1,88	3,21
100%	1,45	1,28	1,25	1,28	1,38	1,48	1,99	3,48

Zum Vergleich sei der Koeffizient $-c_3$ bei einer relativen Feuchte von 60% auch für einen Bodendruck von $p = 1000$ mb angegeben:

1,43	1,24	1,19	1,17	1,21	1,25	1,52	2,38

Man erkennt, daß z.B. in warmer, feuchter Luft die Temperaturabhängigkeit stärker ist als im Normalfall. Der Koeffizient des Wasserdampfgliedes ist dagegen bei niedrigen Temperaturen am größten. In trockener Luft ist c_3 mit den entsprechenden Werten für Lichtwellen identisch. Die in c_3 enthaltene Luftdruckabhängigkeit kann gegebenenfalls durch das Korrekturglied $c_3 = 0,0009\,(p - 1013,3)$ berücksichtigt werden. Für extreme Unterschiede des Bodendruckes von 1020 bis 980 mb ergibt sich eine Änderung von 0,04 Einheiten.

Bei der Betrachtung von vertikalen Gradienten des Brechungsindex über nicht zu große

Höhenbereiche ist es zweckmäßig, die Luftdruckänderung in Gleichung 2ob durch die barometrische Höhenformel auszudrücken. Man schreibt in einer trockenen Atmosphäre:

(22a) $$\frac{dp}{dz} = - g\varrho = - \frac{pg}{RT}$$

und in einer feuchten [62]:

(22b) $$\frac{dp}{dz} = - \frac{pg}{RT} (1 - 0{,}377 \frac{e}{p})$$

g : Schwerebeschleunigung (für unsere Breiten 9,811 [m/sec^2])
R : Gaskonstante trockener Luft (287,o [m^2/sec^2 Grad])
ϱ : Luftdichte

Damit erhält man für das erste Glied der Gleichung 2o b bei einem Bodendruck von 1o13,3 mb die in Tabelle 6 gegebene Abhängigkeit von der Temperatur und der Luftfeuchtigkeit:

Tabelle 6: $-c_1' = -(77{,}6/T) \cdot dp/dz = 77{,}6\ pg/RT^2$

f % T:	-4o	-2o	-1o	O	1o	15	3o	5o
o%	o,o494*)	o,o419	o,o388	o,o36o	o,o335	o,o324	o,o292	o,o257
6o%	o,o494	o,o419	o,o388	o,o36o	o,o334	o,o322	o,o29o	o,o25o
8o%	o,o494	o,o419	o,o388	o,o359	o,o334	o,o322	o,o289	o,o248
1oo%	o,o494	o,o419	o,o388	o,o359	o,o334	o,o322	o,o288	o,o245

Zum Vergleich geben wir wieder die Werte bei einer Luftfeuchtigkeit von 6o% und einem Bodendruck von 1ooo mb (anstelle von 1o13,3 mb):

o,o488	o,o414	o,o383	o,o355	o,o33o	o,o318	o,o286	o,o247

Es besteht eine geringfügige Temperaturabhängigkeit. Der Einfluß der Feuchteverhältnisse ist unbedeutend. Die Luftdruckabhängigkeit kann gegebenenfalls durch ein Korrekturglied berücksichtigt werden.

Nach Gleichung 2o c kann eine Einteilung der atmosphärischen Wellenleiter vorgenommen werden. Man unterscheidet zwischen "feuchten" oder "trockenen" Typen, je nachdem, ob der "feuchte" Term (4,5 · de/dz) oder der "trockene" Term (der Dichteanteil: -1,25 dT/dz + o,27 dp/dz) für das Zustandekommen des Wellenleiters (d.h. Erreichen des kritischen Gradienten) verantwortlich ist. Häufig wirken beide Glieder

*) Um die z.T. sehr geringfügigen Änderungen der Koeffizienten deutlicher zu zeigen, wurde auch die vierte Stelle nach dem Komma als Rechengröße mit angegeben.

in gleicher Richtung (kombinierter Typ). Besonders intensive Wellenleiter können also entstehen, wenn bei Temperaturzunahme mit der Höhe der Wasserdampf gleichzeitig abnimmt.

Wird ein atmosphärischer Wellenleiter allein durch Feuchteänderungen erzeugt, so sind in Bodennähe unter mittleren Bedingungen (siehe Tabelle 6) Wasserdampfgradienten von -3,5 mb pro 1oo m erforderlich (in einer Normalatmosphäre mit 60% Feuchtigkeit beträgt der Gradient -o,33 mb/1oo m). Soll ein Wellenleiter allein durch Temperaturänderungen zustande kommen, so sind in der bodennahen Luftschicht folgende Gradienten erforderlich:

In trockener Luft:	13,2°C/1oo m,
bei 60% Feuchtigkeit:	9,8°C/1oo m,
bei 1oo% Feuchtigkeit:	8,5°C/1oo m.

Unmittelbar über dem Meer werden derartige Gradienten des öfteren erreicht.

Bei der Behandlung der elektromagnetischen Wellenausbreitung in den untersten Dekametern der Atmosphäre können bei einem gegebenen meteorologischen Zustand für alle Koeffizienten (c_1, c_1', c_2, c_3) mittlere Werte im interessierenden Höhenbereich eingesetzt werden. Die auftretenden vertikalen Unterschiede der meteorologischen Elemente sind so geringfügig, daß sich keine wesentlichen Änderungen der Koeffizienten ergeben.

8. DIE ERFASSUNG DER RADIOMETEOROLOGISCHEN VERHÄLTNISSE IN DER MARITIMEN GRENZSCHICHT

8.1. Allgemeines

Die Schicht der Atmosphäre über dem Meer, in welcher infolge von Reibungseinflüssen ageostrophische Komponenten des Windfeldes auftreten, wird als maritime Grenzschicht bezeichnet. In ihrem untersten Bereich mit starken vertikalen Gradienten der austauschbaren Eigenschaften werden die Höhenfunktionen durch Turbulenzvorgänge gesteuert. Die mit den vertikalen Wärme- und Wasserdampftransporten verknüpften vertikalen Gradienten der Lufttemperatur und des Wasserdampfdrucks bedingen entsprechende Gradienten des Brechungsindex (siehe Gleichung 2ob). Die Turbulenz als Träger der Vertikalströme besitzt eine dynamische und eine konvektive (oder thermodynamische) Komponente. Die dynamische Komponente ist gegeben durch die Windscherung bzw. in Annäherung durch die horizontale Windgeschwindigkeit, die konvektive durch die vertikalen Luftdichteunterschiede bzw. in Annäherung durch die Temperaturdifferenz Luft-Wasser. Das Zusammenwirken beider wird bekanntlich durch die

Richardson'sche Zahl beschrieben:

$$(23) \qquad Ri = \frac{g}{T} \frac{\partial\Theta/\partial z}{(\partial u/\partial z)^2}; \quad Ri \begin{matrix} > \\ = o \\ < \end{matrix} \begin{matrix} \text{stabile} \\ \text{neutrale Schichtung} \\ \text{instabile} \end{matrix}$$

Bedeutung der Symbole:

g : Erdbeschleunigung [m sec^{-2}]

T : absolute Temperatur [°K]

Θ : Potentielle Temperatur [°K]

u : Windgeschwindigkeit [m/sec]

z : Wasserabstand [m]

Um das Profil des Brechungsindex exakt beschreiben zu können, sind deshalb neben der Kenntnis von Temperatur- und Wasserdampfschichtung auch Angaben über die Windscherung erforderlich.

8.2. Profile bei adiabatischer Schichtung [63-67, 12, 58]

Zahlreiche theoretische Betrachtungen und experimentelle Untersuchungen haben gezeigt, daß sich bei neutraler Dichteschichtung logarithmische Profile für die austauschbaren Eigenschaften über der Grenzfläche einstellen. Die bekannte allgemeine Beziehung zwischen dem Gradienten und dem Vertikalfluß einer Eigenschaft i

$$(24a) \qquad S_i = - \varrho K_i \frac{\partial i}{\partial z} \quad \text{bzw.}$$

$$(24b) \qquad \frac{\partial i}{\partial z} = - \frac{S_i / \varrho}{k\, u_* \, (z+z_o)} = - \frac{S_i}{k\sqrt{\tau \cdot \varrho}\,(z+z_o)}$$

geht auf W. Schmidt zurück und wurde von Prandtl und v. Karman für den Fall des neutralen Gleichgewichts theoretisch aus Ähnlichkeitsbetrachtungen abgeleitet. Dabei bedeuten:

S_i : Vertikalstrom der Eigenschaft i

ϱ : Luftdichte

K_i : Transportkoeffizient der Eigenschaft i, der mit dem Austauschkoeffizienten (A_i) durch $K_i = A_i/\varrho$ verknüpft ist. Für K_i kann man ferner ableiten, wenn für die verschiedenen Eigenschaften der gleiche Austauschmechanismus wie für den Impuls vorausgesetzt wird:

$$(25) \qquad K_i = K_m = k \cdot \sqrt{\varrho / \tau} \cdot (z + z_o)$$

K_m : Transportkoeffizient für Impuls

k : Karman-Konstante $\approx$ o,4

$\sqrt{\tau/\varrho} = u_*$: Schubspannungsgeschwindigkeit, wobei
τ : die Schubspannung darstellt.
z_o : Rauhigkeitsparameter.

Da die vertikalen Flüsse und die Schubspannung insbesondere über See nur schwer meßbar sind und gesicherte Unterlagen noch nicht vorliegen, geht man auf die wesentlich leichter erfaßbaren vertikalen Differenzen zwischen der Wasseroberfläche und einem Bezugsniveau z_1 über. Hierzu integriert man Gleichung 24b und erhält:

$$i_1 - i_o = \frac{S_i/\varrho}{k\, u_*} \ln \frac{z_1 + z_o}{z_o}, \qquad (24\,c)$$

wobei - wie üblich - vorausgesetzt wird, daß in der betrachteten Höhenschicht die Vertikalströme, die Schubspannungsgeschwindigkeit und die Dichte höhenunabhängig sind, d. h. $S_i/\varrho\, k\, u_*$ wird konstant gesetzt.

Mit Gleichung 24c kann man schreiben:

$$\frac{\partial i}{\partial z} = \frac{\Delta i_1}{(z+z_o) \cdot \ln \frac{z_1 + z_o}{z_o}} \qquad (24\,d)$$

Der Faktor

$$\Gamma_1 = \frac{1}{\Delta i_1} \cdot \frac{\partial i}{\partial \ln z} = \frac{1}{\ln \frac{z_1+z_o}{z_o}} \qquad (24\,e)$$

wird als Profilkoeffizient (Schichtungskoeffizient, Verdunstungskoeffizient) bezeichnet. Er läßt sich aus Schichtungsmessungen, das sind Messungen des Vertikalprofils einer Eigenschaft, bestimmen. Denn man sieht, daß Γ mit der Neigung des Profils im halblogarithmischen Koordinatensystem ($\partial i/\partial \ln z$) verknüpft ist. Im allgemeinen verwendet man bei neutraler Dichteschichtung daher den folgenden Ansatz:

$$\frac{\partial i}{\partial z} = \frac{\Gamma_{ad} \cdot \Delta i_1}{z + z_o} ; \qquad (26)$$

dabei ist der (auf ein bestimmtes Referenzniveau z_1 bezogene) adiabatische Profilkoeffizient Γ_{ad} höhenunabhängig.

8.3. Profile bei diabatischer Schichtung [12, 64-69]

Wie zahlreiche Profilmessungen zeigten, stellt der logarithmische Profilansatz (Gleichung 26) auch bei diabatischer Schichtung eine gute Näherung dar, wenn man einen von der Stabilität abhängigen Profilkoeffizienten Γ_1 einführt. Diese Abhängigkeit des

Schichtungsfaktors von der Intensität der Turbulenz bzw. der Stabilität der Schichtung muß experimentell durch Profilmessungen bestimmt werden. Im Rahmen der Forschungsarbeiten des Meteorologischen Instituts der Universität Hamburg wurden in den Jahren 1957 bis 1960 über der Nord- und Ostsee die Höhenabhängigkeit der Windgeschwindigkeit, der Lufttemperatur und des Wasserdampfdruckes mit Hilfe einer Spezialbojenapparatur [13, 12], die Messungen in der ungestörten Seeatmosphäre gestattet, bestimmt.
Von den Ergebnissen dieser Messungen seien hier einige angeführt [12, 58, 67]:

a) Der Profilkoeffizient bei adiabatischer Schichtung ist praktisch unabhängig von der Windgeschwindigkeit, jedenfalls für den erfaßten Bereich zwischen 0,8 und 12 m/s und hat den Wert $\Gamma = 0,10$ (Bezugsniveau 4 m). Dem entspricht ein konstanter Rauhigkeitsparameter (siehe Gleichung 24 e): $z_0 = 0,018$ cm. Dieser Wert ist grösser, als es einer hydrodynamisch "glatten" Meeresoberfläche entsprechen würde, wenn man analog zu Rohrströmungsversuchen (Nikuradse) definiert [65]:

(27 $$z_{0,\,glatt} = 0,11 \;\; \nu/u_*$$

Es bedeuten:

ν : kinematische Zähigkeit der Luft $\approx 0,15$ [cm^2/sec] bei ≈ 1000 mb und 20°C.

$u_* = k \cdot \Gamma_{4m} \cdot u_{4m}$: Schubspannungsgeschwindigkeit [cm/sec], (k : Karman-Konstante $\approx 0,4$).

Damit ergeben sich bei verschiedenen Windgeschwindigkeiten für $z_{0,\,glatt}$ folgende Werte:

1 m/s :	0,004 cm;	5 m/s :	0,0008 cm;
10 m/s:	0,0004 cm;	25 m/s :	0,00016 cm;

b) Die aus Wind- und Wasserdampfmessungen abgeleiteten neutralen Profilkoeffizienten zeigen keine signifikanten Unterschiede.

c) Zwischen den Profilkoeffizienten (für Wind-, Temperatur- und Wasserdampfschichtung) und der Stabilität der Schichtung (gekennzeichnet durch u, ΔT oder Ri) besteht ein eindeutiger Zusammenhang, der für den Wasserdampf in Abbildung 6 (Punkte) dargestellt ist. Der Profilkoeffizient wurde dabei aus Messungen im Höhenintervall zwischen 0,8 und 14 m abgeleitet. Von anderen Autoren wurden ähnliche Ergebnisse gefunden, allerdings vorwiegend für die Windgeschwindigkeit und die Temperatur. Dabei stimmen Messungen aus verschiedenen Seegebieten recht gut überein.

d) Mit abnehmender Richardson'scher Zahl (zunehmender Instabilität) ändert sich der Absolutwert des Profilkoeffizienten (d. h. der mittlere Vertikalgradient) zwar

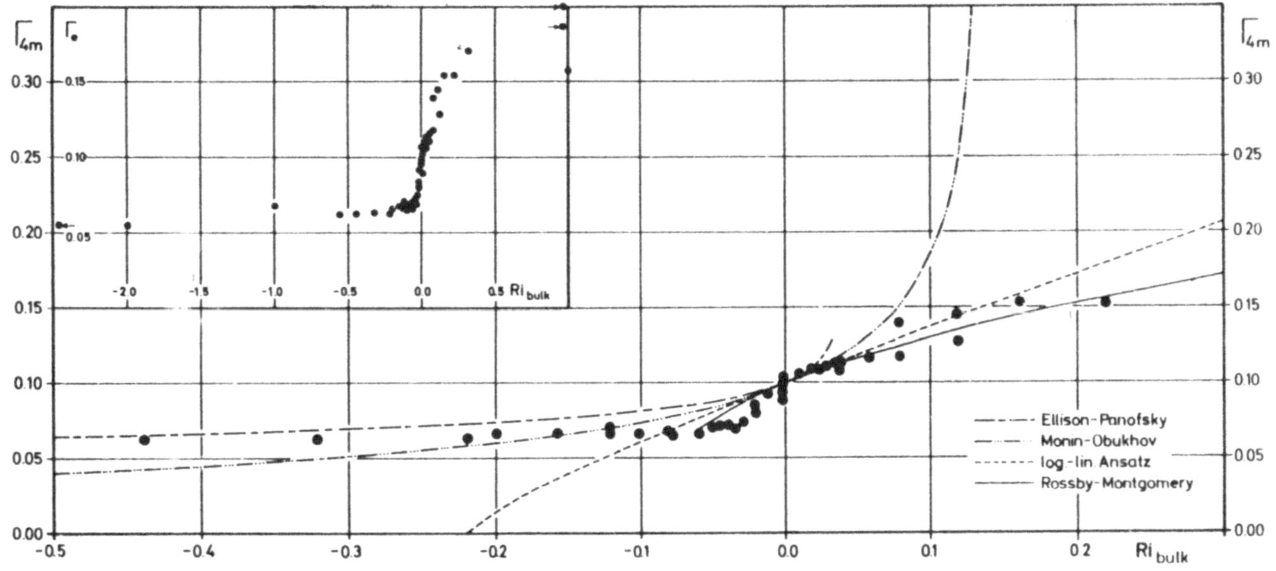

Abb.6. Der Verdunstungskoeffizient als Funktion von $Ri_{bulk,6m}$

Schichtungsmessungen Ostsee-Nordsee 1958 - 1960 (•) und theoretische Werte für den Höhenbereich 1-10m stark, jedoch tritt die mit dem Vorzeichen der Richardson'schen Zahl wechselnde Profilkrümmung meistens weniger in Erscheinung. Das heißt, in zahlreichen Fällen stellt das logarithmische Modell in beschränkten Höhenbereichen auch bei diabatischer Schichtung eine gute Annäherung der Wirklichkeit dar. Der Abhängigkeit von der Schichtung kann so durch veränderliche Schichtungskoeffizienten Rechnung getragen werden.

Dieses Ergebnis ist für die praktische Anwendung von besonderer Bedeutung. Dadurch werden kostspielige und zeitraubende Spezialmessungen zur direkten Gewinnung des Profils über dem Meer überflüssig. Es genügen die üblichen meteorologischen Routinemessungen in einigen Metern über der Wasseroberfläche und die Messung der Wassertemperatur, um die Differenz Δi_1 bestimmen zu können. Die Kombination von Theorie (Gleichung 24) und Erfahrung ($\Gamma = f(\Delta T, u)$) ermöglicht es so, eine Beziehung zwischen dem Profil einer Größe (insbesondere auch dem Brechungsindexprofil) und einfach meßbaren meteorologischen Größen abzuleiten.

Erweiterungen unserer Kenntnisse - insbesondere in extremen Stabilitätsbereichen und über größere Höhenintervalle - sind aber noch notwendig.

8.4. Die maritime Wellenleiterdicke bei logarithmischer Schichtung

8.4.1. Der potentielle Brechungsindex [2o, 61, 7o]

Bei logarithmischer Schichtung können die Gradienten der Temperatur und des Wasserdampfes in der Bestimmungsgleichung für den Brechungswertgradienten (Gleichung 2o) mit Hilfe der Gleichung 26 durch ihre vertikalen Differenzen ersetzt werden. Allerdings gelten alle Austauschbetrachtungen nur für konservative Eigenschaften. In die Gleichung 26 muß deshalb die potentielle Temperatur Θ und die spezifische Feuchte bzw. der potentielle Wasserdampfdruck e_p eingesetzt werden. Die Definitionen der potentiellen Größen, bezogen auf ein Standarddruckniveau p_o, sind bekanntlich gegeben durch:

(28 a) $$\Theta = T\,(p_o/p)^{o,286} \; ; \quad o,286 = \frac{c_p - c_v}{c_p}$$

(29a) $$e_p = e\,(p_o/p)$$

(c_p bzw. c_v : spezifische Wärme bei konstantem Druck bzw. Volumen).

Hiermit definiert Gleichung 19 b einen potentiellen Brechungswert:

$$(30) \qquad N_p = \frac{77{,}6\, p_o}{\Theta} + 3{,}73 \cdot 10^5 \frac{e_p}{\Theta^2}$$

Er stellt denjenigen Brechungswert dar, den eine Luftmasse besitzt, wenn sie adiabatisch auf ein Standarddruckniveau gebracht wird und sich dabei ihre Zusammensetzung nicht ändert. Der potentielle Brechungsindex ist in einer ideal durchmischten ("well mixed") Atmosphäre - d.h. potentielle Temperatur und spezifische Feuchte unabhängig von der Höhe - ebenfalls invariant gegenüber Höhenänderungen. Diese Größe wird z.B. auch bei synoptischen Betrachtungen über die Brechungsindexverteilungen benutzt, um die Höhenabhängigkeit von N zu eliminieren. N_p kann aus sog. charakteristischen Diagrammen mit Θ und e_p als Eingängen abgeleitet werden [7o].

Für unsere Zwecke ist es vorteilhafter, wenn die potentiellen Größen nicht auf ein Standarddruckniveau, sondern auf den Wasserabstand Null bezogen werden. Bei mittleren atmosphärischen Bedingungen kann man für nicht zu große Höhenänderungen definieren:

$$(28\,b) \qquad \Theta = T + (g/c_p)\, z = T + 0{,}01\, z$$

$$(29\,b) \qquad e_p = e + (ge/RT)\, z = e + 0{,}000119\, e\, z$$

z : Wasserabstand

T, e : Temperatur bzw. Wasserdampfdruck in der Höhe z.
Weitere Symbole siehe Gleichung 22.

Tabelle 7: Koeffizient g/RT in Gleichung 29 b

T :	-4o°C	-2o°C	-1o°C	0	1o°C	15°C
g/RT:	0,000146	0,000135	0,00013o	0,000125	0,000121	0,000119
T :	3o°C	5o°C				
g/RT:	0,000113	0,0001o6				

Man sieht insbesondere, daß der Zuschlag zur Bestimmung des potentiellen Dampfdrucks minimal ist, d.h. man kann praktisch den Dampfdruck selbst als austauschbare Größe betrachten. Auch die potentielle Temperatur weicht in den betrachteten Höhenbereichen nur wenig von der aktuellen Lufttemperatur ab.
Der vertikale Gradient des potentiellen Brechungsindex - analog 2o a unter Berücksichtigung von 22 a, b - ist nach der gegebenen Konzeption (Bezugspunkt z = o) in einer ideal durchmischten Atmosphäre nur abhängig vom vertikalen Luftdruckgefälle, da $\partial\Theta/\partial z$ und $\partial e_p/\partial z$ in diesem Fall gleich Null sind. Für trockene Luft ergibt sich:

$$(30\,a) \qquad \frac{\partial N_p}{\partial z} = \frac{77{,}6}{\Theta}\frac{dp}{dz} = -\frac{77{,}6}{\Theta}\frac{gp}{R\Theta}$$

und für feuchte Luft:

(3o b) $$\frac{\partial N_p}{\partial z} = - \frac{77,6\,p\,g}{\Theta^2\,R}\,(1 - 0,377\,\frac{e_p}{p}) .$$

D. h. der Gradient des potentiellen Brechungsindex in einer ideal durchmischten Atmosphäre ist praktisch identisch mit dem Faktor c_1' (siehe Tabelle 6, Seite 47). Mit $g = 9,81\ m/s^2$, $p = 1013$ mb und $T = +15°C$ beträgt dieser Gradient in trockener Luft:

(3o c) $\partial N_p/\partial z = -0,0324/m.$

Bei einer relativen Feuchte von 80% ergibt sich ein unwesentlich schwächerer Gradient:

(3o d) $\partial N_p/\partial z = -0,0322\ m.$

Dieser Gradient ist geringer als derjenige in einer Normalatmosphäre (-0,039/m). Als Krümmungsfaktor ergibt sich $k = 5/4$ im Unterschied zur Normalatmosphäre mit $k = 4/3$. Zum Vergleich sei noch der Gradient des Brechungsindex in einer trockenen, adiabatisch geschichteten Atmosphäre mit -0,022 N-Einheiten/m ($k = 1,16$) genannt ($\partial N_p/\partial z = -0,032 + 0,0095$).

Entsprechend Gleichungen 28 b und 29 b können wir den auf die Meeresoberfläche bezogenen potentiellen Brechungsindex bilden:

(31) $N_p = N + 0,032\,z$ bzw. allgemein $N_p = N - c_1'\,z$

Der Vertikalgradient c_1' ist in geringem Maße von den herrschenden Temperatur- und Feuchteverhältnissen abhängig, wie Tabelle 6 zeigt. Im allgemeinen kann N_p jedoch über nicht zu große Höhenintervalle als konservative Größe angesehen werden.

8.4.2. Berechnung der maritimen Wellenleiterdicke

In der maritimen Grenzschicht können wir bei Annahme logarithmischer Profile für den vertikalen Gradienten des potentiellen Brechungsindex schreiben:

(32) $$\frac{\partial N_p}{\partial z} = \frac{\Gamma_1 \cdot \Delta N_{p,1}}{z}$$

($-\Delta N_{p,1} = N_1 - N_w$: N_1, N_w : Brechungswert im Beobachtungsniveau z_1 und an der Wasseroberfläche).

Die Dicke eines Bodenwellenleiters ist gegeben durch denjenigen Abstand von der Erdoberfläche, in welchem die Krümmung der Funkstrahlen gleich der Erdkrümmung wird. Der kritische Gradient des Brechungswertes N ist durch Gleichung 8 gegeben, den des potentiellen Brechungswertes N_p erhält man aus Gleichung 31:

$$(33)\quad \left(\frac{\partial N_p}{\partial z}\right)_{krit} = \left(\frac{\partial N}{\partial z}\right)_{krit} + c_1' \approx -0{,}157/m + 0{,}032/m = -0{,}125/m = b_1$$

Die folgende Tabelle gibt diesen kritischen Gradienten (b_1) für verschiedene Temperatur- und Feuchteverhältnisse bei einem Luftdruck von 1013,3 mb und 1000 mb bei 60% Feuchte.

T a b e l l e 8: $-b_1$

f%	T °C: -40	-20	-10	0	10	15	30	50
p=1013,3 mb:								
0%	0,108	0,116	0,118	0,121	0,123	0,125	0,128	0,131
60%	0,108	0,116	0,118	0,121	0,124	0,125	0,128	0,132
80%	0,108	0,116	0,118	0,121	0,124	0,125	0,128	0,132
100%	0,108	0,116	0,118	0,121	0,124	0,125	0,128	0,132
p=1000 mb:								
60%	0,108	0,116	0,119	0,122	0,124	0,125	0,128	0,132

Setzt man in Gleichung 32 für $\partial N_p/\partial z$ den kritischen Gradienten, dann erhält man die Dicke des maritimen Wellenleiters $z*$ (d.h. die Höhe, in der $\partial N_p/\partial z = b_1$):

$$(34)\qquad z* = \frac{\Gamma_1\ \Delta N_{p,1}}{b_1}$$

Die so abgeleitete Wellenleiterdicke stellt eine exaktere Form der in [9] und [10] gegebenen Beziehungen dar. Allerdings sind die wirklichen Differenzen in praxi - insbesondere verglichen mit Gleichung 13 in [9] unerheblich, denn in der dort gegebenen Beziehung

$$z* = (b_2/b_1)\ (b_3\ \Delta T_1 - \Delta e_1)\ \Gamma_1$$

ist in der rechten Seite praktisch der potentielle Brechungswert enthalten, da die potentiellen Zuschläge (für Temperatur und Wasserdampfdruck) minimal sind. Die Gleichung 4 in [10]

$$z* = \frac{\Delta N_1\ \Gamma_1}{b_1}$$

ist dann exakt, wenn - wie üblich - N_1 und N_w für denselben Luftdruck berechnet bzw. einem Diagramm entnommen werden, d.h. ohne Berücksichtigung der Luftdruckänderung zwischen der Wasseroberfläche und der Beobachtungshöhe. Die so gewonnene Differenz ΔN_1 entspricht der potentiellen Brechungswertdifferenz. Die nicht berücksichtigte Höhenabnahme des Brechungswertes ist nämlich entgegengesetzt gleich dem potentiellen Zuschlag (siehe Gleichung 31).
In Gleichung 32 wird als Profilkoeffizient der für die Feuchteschichtung abgeleitete

Wert eingesetzt, insbesondere, weil dieser mit wesentlich stärkerem Gewicht in unsere Gleichungen eingeht.

Es werden die aus Schichtungsmessungen auf der Nord- und Ostsee in den Jahren 1957-1960 gewonnenen Profilkoeffizienten benutzt. Erwähnt sei, daß die in [9] gegebenen Profilkoeffizienten inzwischen durch unsere neueren Messungen [12, 58] überholt sind; sie wurden aus dem kleinen, damals in der Literatur zugänglichen Beobachtungsmaterial abgeleitet. Insbesondere für die in unserem Meßgebiet vorherrschenden leicht instabilen Situationen erhält man mit diesem Kollektiv erheblich zu große Wellenleiterdicken. Die relative Abhängigkeit zwischen Feldstärke und Wellenleiterdicke wird aber richtig wiedergegeben.

8.4.3. Fehler bei der Bestimmung der Wellenleiterdicke

Im folgenden fassen wir noch einmal die Fehler zusammen, die bei der Ableitung der maritimen Wellenleiterdicke nach dem im Routinedienst verwendeten Verfahren auftreten:

a) ΔN entspricht ΔN_p und wird richtig bestimmt, soweit nicht Meßfehler vorliegen. Nehmen wir als Meßfehler bei Bestimmung der Temperatur (T) und der Temperatur des feuchten Thermometers (T_f) $\pm 0{,}1^{\circ}C$ an, so liefert die entsprechende Fehlergleichung [61] für Verhältnisse in der Normalatmosphäre:

(35) $$\Delta N = 0{,}3\,\Delta p - 4{,}3\,\Delta T + 7{,}0\,\Delta T_f$$

einen maximalen Fehler von etwa $\pm 1{,}1$ N-Einheiten bzw. einen mittleren Fehler des Einzelwertes von 0,8 N-Einheiten.

b) b_1: Die Temperaturabhängigkeit wird durch Tabellen berücksichtigt. Jedoch werden die in z_1 gemessenen Temperaturen eingesetzt und nicht, wie eigentlich erforderlich, die in der Höhe z^* gemessenen Werte. Doch dieser Effekt fällt praktisch überhaupt nicht ins Gewicht, wie eine Abschätzung der Temperaturänderung mit Hilfe des logarithmischen Modells für einen extremen Fall zeigt. So erhält man z. B. bei einer in 6 m Höhe gemessenen Temperaturdifferenz Luft-Wasser von $\pm 2^{\circ}C$ mit $\Gamma = 0{,}1$ eine Temperaturzu- oder -abnahme in 50 m Höhe von:

$$T_{50m} - T_{6m} = \Gamma \cdot \Delta T \ln \frac{50}{6} \approx \pm 0{,}45^{\circ}C$$

Eine derartige Temperaturänderung äußert sich jedoch praktisch nicht im Faktor b_1.

c) Γ : Für Γ_1 wird $\Gamma_{e,1}$ gesetzt aus den auf Seite 56 genannten Gründen. Insbesondere wird bei nicht allzu extremen Abweichungen von adiabatischen Verhältnissen hierdurch kein Fehler verursacht, da dann $\Gamma_e / \Gamma_\Theta \approx 1$ ist. Ungeklärt sind die Verhältnisse bei größeren Richardson'schen Zahlen.
Es bleibt außerdem die Frage, ob der für das Höhenintervall zwischen 1 und 10 m bestimmte Profilkoeffizient auch in anderen Höhenbereichen gilt, d. h. ob mit ihm die Profile in anderen Höhenbereichen bzw. über größere Höhenintervalle durch den logarithmischen Ansatz beschrieben werden können. Es ist bekannt, daß Abweichungen von der logarithmischen Schichtung mit der Höhe anwachsen, und zwar besonders kräftig bei stark stabilen bzw. labilen Verhältnissen.

d) In welchen Grenzen die Gültigkeit des logarithmischen Profilmodells überhaupt gerechtfertigt ist, wird noch ausführlich diskutiert.

8.4.4. z• als Maßzahl zur Kennzeichnung der Ausbreitungsbedingungen über See [9]

Der Parameter z• eignet sich ganz allgemein als Maßzahl zur Charakterisierung der Ausbreitungsverhältnisse von elektromagnetischen Wellen in den unteren Dekametern über dem Meer. Er bestimmt insbesondere die Intensität der wassernahen Brechungsindexschichtung. Ist $z_* > 0$, dann liegt ein Wellenleiter vor, der je nach benutzter Wellenlänge zu mehr oder weniger übernormalen Ausbreitungsbedingungen führt. Die Schichtung ist auch noch weit oberhalb des Wellenleiters übernormal. Mit $z_* \to 0$ stellt sich eine durchmischte Atmosphäre ein. In diesem Fall sind Empfangsfeldstärken bzw. Radargrenzreichweiten zu erwarten, wie sie nach der Beugungstheorie für einen Krümmungsfaktor von $k = 5/4$ abgeleitet werden.
Nimmt der modifizierte Brechungsindex mit der Höhe zu, dann ergibt sich ein negativer z•-Wert. In diesem Fall entspricht der Parameter $|z_*|$ der Dicke der Luftschicht, in der gilt $-\partial N_p/\partial z < b_1$ bzw. $-\partial M/\partial z < 2 \cdot b_1$; d. h. es handelt sich um eine stark unternormale Refraktionsschichtung (Krümmungsfaktor $k < 0{,}63$). Im allgemeinen ist daher mit schlechten Empfangsbedingungen zu rechnen.
Es sei jedoch betont, daß eine Berechnung der Wellenleiterdicke auf der Grundlage der Grenzschichttheorie in ihrer Gültigkeit beschränkt bleibt auf die Erfassung der Ausbreitungsbedingungen innerhalb der unteren Dekameter über der Meeresoberfläche. Einflüsse höherer Schichten - z. B. Reflexion an höher gelegenen Inversionen - können im allgemeinen nur durch aerologische Aufstiege erfaßt werden.

8.4.5. Zur Charakterisierung des Wellenleiters in der maritimen Grenzschicht

8.4.5.1. Häufigkeitsverteilungen der maritimen Wellenleiterdicke und der Brechungswertdifferenz ΔN_p

Ein Verdunstungswellenleiter ist über dem Meer fast ständig vorhanden. Die Dicke dieses Wellenleiters wird wesentlich durch die potentielle Brechungswertdifferenz ΔN_p (siehe Gleichung 32) bestimmt, die im Fall der diskutierten Ausbreitungsexperimente aus Messungen am Feuerschiff Elbe 1 zwischen etwa 6 m Höhe und der Wasseroberfläche abgeleitet wird. Die Häufigkeitsverteilung dieser Differenz sowie der maritimen Wellenleiterdicke (bezeichnet als z^*_4) für die einzelnen Monate des Jahres 1962 und für das gesamte Jahr geben Auskunft über die mittleren jährlichen Refraktionsverhältnisse und deren jahreszeitliche Schwankungen. In der Tabelle 9 (ΔN_p) bzw. in der Tabelle 1o (z^*_4) sind jeweils die in o,1, 1, 1o, 25, 5o, 75, 9o, 99,9% der Zeit erreichten bzw. überschrittenen Werte aufgeführt. Den Verteilungen kann ferner entnommen werden, wie oft überhaupt Wellenleiterbedingungen ($z^* > o$ bzw. $-\Delta N_{p,1} = N_{p,1} - N_w < o$) im Meßgebiet auftraten.
Im Jahresdurchschnitt waren in 96,7% aller Fälle die Voraussetzungen zur Ductbildung erfüllt. Im Januar (13%) und April (12,9%) fehlten Ductbedingungen am häufigsten; im August (in o,o5% ist $z^*_4 < o$), September (o,15%) und Dezember (o,4%) lag fast immer ein Wellenleiter vor.
Der Medianwert (5o%-Wert) der Wellenleiterdicke erreichte mit 11,4 m im September sein Maximum und mit 2,2 m im Januar sein Minimum. Im Jahresdurchschnitt ergab sich ein Medianwert der Wellenleiterdicke von 7,2 m. Der Verdunstungswellenleiter erreichte im Ausnahmefall Dicken von etwa 35 m. Dicken von 2o m wurden im Jahresmittel in o,65%, im September in 1,2% aller Fälle überschritten und in den Monaten Januar, Februar, März, Oktober, November und Dezember überhaupt nicht erreicht. Ein mehr als 1o m dicker Wellenleiter wurde im Jahre 1962 in 28% und im September 1962 in 68% aller Fälle beobachtet.
Vergleiche mit den kritischen Wellenleiterdicken (siehe Tabelle 3) - bei Annahme plausibler Gradienten bzw. Profile des Brechungsindex - zeigen, daß mit totaler Wellenleitung praktisch nur für cm-Wellen zu rechnen ist.

Tabelle 9: Häufigkeitsverteilung der potentiellen Brechungswertdifferenz ΔN_p

1962

Monat	n *)	99,9% **)	99%	9o%	75%	5o%	25%	1o%	1%	o,1%
Jan.	4o5	-4,o	-3,4	-o,6	1,o	2,7	4,9	12,7	1o,6	> 1o,6
Febr.	372	-2,o	-1,5	o,5	2,5	5,6	9,2	11,4	15,1	> 15,1
März	421	-2,6	-1,5	2,5	4,2	6,6	9,4	12,o	18,o	> 18,o
April	4o8	-2,6	-2,o	-o,4	1,3	3,5	6,2	9,o	2o,o	> 2o,o
Mai	421	-4,o	-3,7	1,5	4,9	8,5	11,5	14,1	23,o	> 23,o
Juni	41o	-4,2	-4,o	4,o	7,5	12,5	16,5	2o,o	24,4	> 24,4
Juli	44o	-2,5	-1,o	4,o	8,o	12,5	19,o	21,5	3o,o	32,5
Aug.	743	o,6	7,o	4,5	1o,9	15,4	19,9	23,5	29,5	35,5
Sept.	72o	-1,o	2,5	7,o	1o,5	17,5	24,o	28,2	34,3	37,5
Okt.	722	-1,o	o,2	4,5	8,5	14,o	19,o	24,5	31,2	33,2
Nov.	4o3	< -1,o	-1,o	1,9	9,o	15,o	16,o	2o,5	24,3	> 24,3
Dez.	412	< o,2	o,2	3,9	7,o	9,1	13,o	15,5	18,9	> 18,9
Jahr	5877	-4,5	-1,5	1,8	5,3	1o,4	16,5	21,6	3o,5	34,4

Tabelle 1o: Häufigkeitsverteilung der Wellenleiterdicke z_4^*

1962

Monat	n *)	99,9% **)	99%	9o%	75%	5o%	25%	1o%	1%	o,1%	≤ O m ***)
Jan.	4o5	-2,5	-2,5	-o,5	1,o	2,2	3,8	7,2	9,o	9,o	13,o
Febr.	372	-o,8	-o,8	o,6	2,3	4,4	6,4	7,5	9,5	9,5	4,8
März	421	-1,6	-1,6	2,o	3,o	4,4	5,7	7,1	11,o	11,o	1,9
April	4o8	-3,1	-2,4	-o,4	1,5	3,o	5,2	7,6	13,2	15,8	12,9
Mai	421	-3,6	-3,6	1,4	3,7	6,o	8,4	11,o	2o,o	35,4	7,5
Juni	41o	-9,o	-3,8	3,4	6,4	8,8	11,2	13,5	22,5	22,5	1,7
Juli	44o	-2,1	-o,8	3,4	6,4	8,9	11,o	13,7	19,6	24,4	3,4
August	743	o,3	1,8	4,9	7,o	1o,1	13,1	15,5	2o,4	2o,4	o,o5
Sept.	72o	-o,3	2,o	5,o	8,o	11,4	15,o	16,4	2o,5	23,o	o,15
Okt.	722	-1,2	o,2	3,5	5,8	8,6	1o,o	14,o	16,5	16,5	o,9
Nov.	4o3	-4,6	-1,2	1,5	6,o	8,4	1o,o	11,4	13,3	15,o	3,o
Dez.	412	-o,6	o,5	2,8	4,2	5,7	7,5	9,o	12,8	12,8	o,4
Jahr	5877	-3,6	-1,5	1,8	4,o	7,2	1o,5	13,6	19,1	25,5	3,3

*) n: Anzahl der Fälle

**) Zeitprozentwerte der erreichten bzw. überschrittenen Wellenleiterdicke [m] oder Brechungswertdifferenz [N-Einheiten]

***) Prozentsatz der Fälle mit einer Wellenleiterdicke ≤ o m

8.4.5.2. Die Abhängigkeit der Dicke des maritimen Wellenleiters von der Temperatur- und Feuchteschichtung

Der Verdunstungswellenleiter stellt über der Nordsee in den meisten Fällen einen rein feuchten Typ dar (siehe Gleichung 2o c), d. h. der erforderliche Brechungsindexgradient kommt durch eine starke Wasserdampfabnahme zustande. Die Temperaturschichtung ist häufig instabil (Temperaturabnahme mit der Höhe) und wirkt dem Zustandekommen einer Brechungsindexabnahme sogar entgegen (siehe Gleichung 2o c).

Eine Häufigkeitsverteilung der am Feuerschiff Elbe 1 gemessenen Temperaturdifferenz Luft-Wasser (ΔT) ergibt im Jahresdurchschnitt (1961) in 63% aller Fälle instabile Verhältnisse. Im Januar 1961 herrschten in 73%, im August in 74% und im Februar nur in 16% der Zeit instabile Schichtungsverhältnisse vor. Das bedeutet, trockene bzw. gemischte Wellenleitertypen treten, insgesamt gesehen, nur selten auf.

Ähnliche Zustände herrschen offenbar im ganzen Nordatlantik [71]. Aus rd. je 1o. ooo Beobachtungen - ausgeführt auf den Wetterschiffen B und E - ergab sich für den Zeitraum 1. 11. 5o - 31. 5. 54, daß in 67% bzw. 67,8% der Beobachtungen eine "labile Unterschicht" in der Atmosphäre über dem Meer vorhanden ist, also Bedingungen, bei denen sich nur ein rein feuchter Duct ausbilden kann.
An Hand von zwei typischen Beispielen (Sommer, Winter) soll die Abhängigkeit des Brechungsindexfeldes in der maritimen Grenzschicht von der Feuchte- bzw. Temperaturschichtung näher analysiert werden. Die Abbildung 7 gibt den Zusammenhang zwischen ΔN und Δe (Dampfdruckdifferenz zwischen 6 m und der Meeresoberfläche) für die Monate Januar/Februar 1962 und Juli 1961, die Abbildung 8 die entsprechenden Zusammenhänge zwischen ΔN und ΔT. Die Beobachtungen wurden unterteilt nach den gleichzeitig auf der 7 GHz-Strecke auftretenden Schwundtypen. Für die Korrelation $\Delta N{:}\Delta e$ wurde ferner eine Aufteilung in drei Gruppen der Temperaturdifferenz Luft - Wasser ($\Delta T < -1{,}5$; $-1{,}5 \leq \Delta T \leq 0$ und $\Delta T > 0$) vorgenommen.
Der Zusammenhang zwischen ΔN und Δe ist sehr eng und praktisch linear. Eine Differenzierung der Punktwolken nach ΔT-Werten ist erkennbar (siehe Gleichung 2o). Die eingezeichnete Gerade stellt die Beziehung (bei $T = 10\,^{o}C$ und 80% Feuchte) zwischen ΔN und Δe dar, wenn $\Delta T = 0$. Die Druckdifferenz Δp zwischen der Meeresoberfläche und der Beobachtungshöhe in 6 m wurde dabei -o,73 mb gesetzt.
Die Abbildungen zeigen den dominierenden Einfluß der Wasserdampfschichtung. Ein stärkerer Temperatureinfluß (d. h. im wesentlichen der Effekt der Verschiebungspolarisation) würde sich in einer größeren Abweichung von der eingezeichneten Geraden bemerkbar machen.
Der Zusammenhang zwischen ΔN und ΔT zeigt - trotz großer Streuung deutlich erkenn-

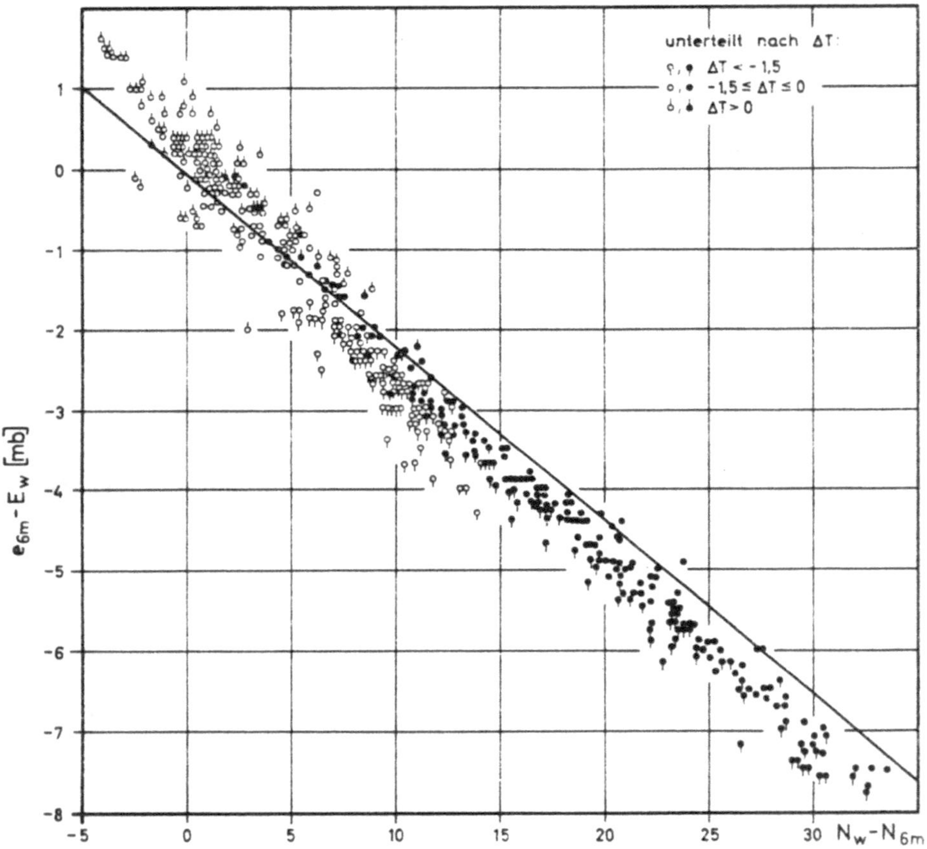

Abb.7. Der beobachtete Zusammenhang von vertikalen Wasserdampfdruckdifferenzen und Brechungswertdifferenzen nach Messungen am FS.Elbe 1
Juli 1961 •
Januar und Februar 1962 ○

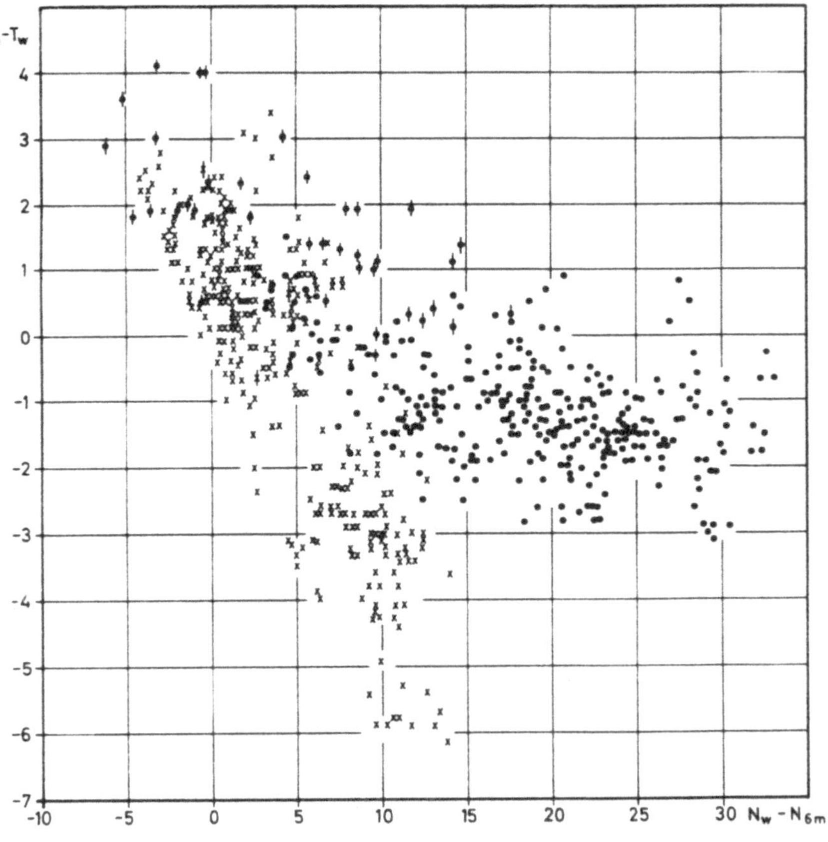

Abb.8. Die Brechungswertdifferenz ΔN als Funktion der Temperaturdifferenz ΔT nach Messungen am FS. Elbe 1
Juli 1961 ● (A,B); ⦶ (C,D)
Januar und Februar 1962 × (A,B); ⨳ (C,D)

bar - eine Zunahme der ΔN-Werte mit wachsender negativer Temperaturdifferenz Luft-Wasser, wobei charakteristische Unterschiede zwischen Sommer und Winter auftreten. Die beobachtete Brechungsindexabnahme ist also im Mittel umso kräftiger, je stärker die Temperaturabnahme ist. Für einen "trockenen Duct" wäre ein umgekehrter Zusammenhang zu erwarten (siehe Gleichung 2oc), eine Brechungsindexabnahme also mit einer Temperaturzunahme gekoppelt. Der hier gefundene Tatbestand äußert sich am deutlichsten in der Korrelation zwischen Δe und ΔT, die in der Abbildung 9 wiedergegeben ist. Die Wasserdampfabnahme ist proportional der Temperaturabnahme. Das Verhältnis $\Delta e/\Delta T$ bestimmt weitgehend die sog. Bowenzahl [72].
Für höhere Absoluttemperaturen (Sommer) ist die Dampfdruckdifferenz bei gleicher Temperaturdifferenz im Mittel wesentlich größer als für geringere Temperaturen, wie die verschiedenen Neigungen der Sommer- und Winterpunktwolken zeigen. Der jeweils mögliche Grenzfall ist durch die Änderung der Wasserdampfdifferenz als Funktion der Temperaturdifferenz bei Feuchtesättigung gegeben. Für Temperaturen von $0^{o}C$ und $15^{o}C$ wurden diese Zusammenhänge in Abbildung 9 eingezeichnet.
Die Beziehung zwischen der Wasserdampfdruckänderung und der Temperaturänderung für gesättigten Wasserdampf gibt die Clausius-Clapeyron'sche Gleichung:

$$\frac{\Delta E}{\Delta T} = \frac{SE}{RT^2}$$

E : Sättigungsdampfdruck [mb]
T : Absolute Temperatur [^{o}K]
S : Verdampfungswärme [cal/mol]
R : Universelle Gaskonstante (= 1,986 [cal/grad · mol]).

Damit erhält man

für $-1o^{o}C$: $\Delta E = o,23\ \Delta T$ (mit S = 6o3,o cal/gr, E = 2,85 mb)
für $0^{o}C$: $\Delta E = o,44\ \Delta T$ (mit S = 597,3 cal/gr, E = 6,1o mb)
für $15^{o}C$: $\Delta E = 1,1\ \Delta T$ (mit S = 588,8 cal/gr, E = 17,o4 mb)

Der Einfluß dieses Effektes auf Brechungsindexänderungen ist mit Hilfe der Gleichung 2oc zu bestimmen. Man findet als Abhängigkeit zwischen ΔN und ΔT

für $-1o^{o}C$: $\Delta N = -o,o1\ \Delta T + o,29\ \Delta p$
für $0^{o}C$: $\Delta N = o,92\ \Delta T + o,28\ \Delta p$
für $15^{o}C$: $\Delta N = 3,46\ \Delta T + o,27\ \Delta p$

Dieses Verhalten ist in erster Linie eine Folge der Abhängigkeit der Orientierungspolarisation von der Wasserdampfdichte, die eine empfindliche Funktion der Temperatur ist.

Für ungesättigten Wasserdampf kann man die Änderung des Dampfdruckes mit der Temperatur am besten der Psychrometertafel (Sprung'sche Formel) entnehmen, wobei die

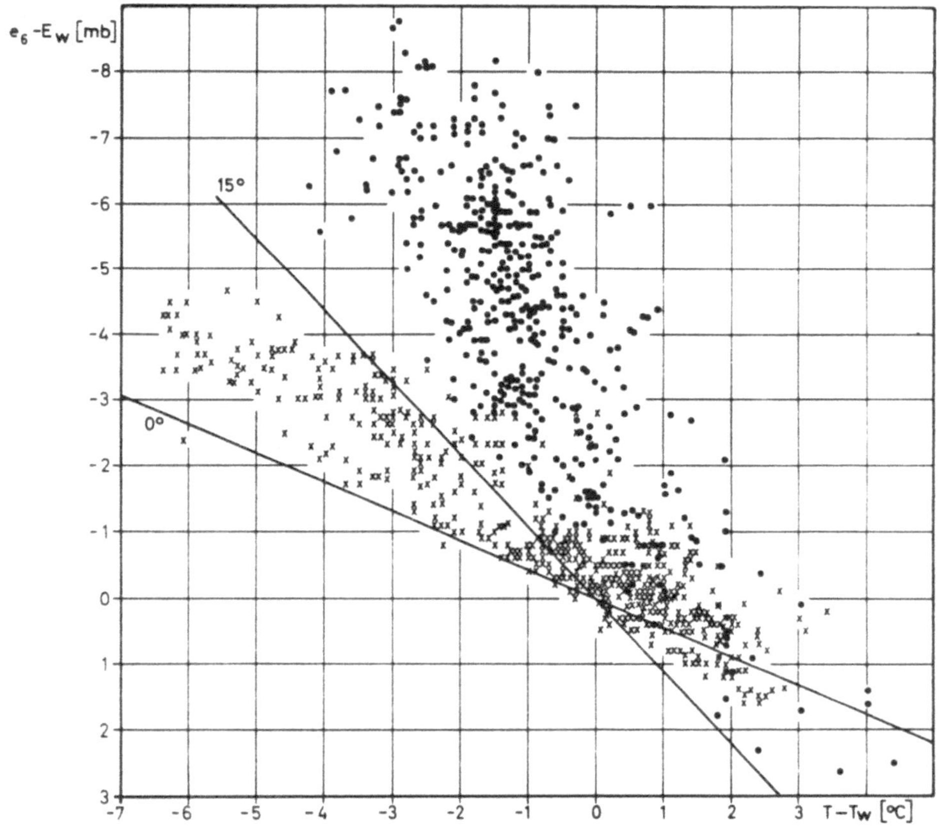

Abb. 9. Die Wasserdampfdruckdifferenz als Funktion der Temperaturdifferenz Luft-Wasser nach Messungen am FS. Elbe 1

Juli 1961 •

Januar und Februar 1962 ×

Temperatur des feuchten Thermometers und ihre Änderung bekannt sein muß.

9. BEOBACHTUNGSERGEBNISSE, INSBESONDERE ZUR WIRKUNG DES MARITIMEN WELLENLEITERS

9.1. Allgemeines

Die Empfangsantennen der von uns benutzten Richtfunkstrecken liegen in einer Zone, in der eine Überlagerung der genannten Ausbreitungsmechanismen möglich ist: je nach Wetterlage bzw. Struktur der unteren Atmosphäre kann der eine oder der andere dominieren. Beugung und Brechung sind in diesen Entfernungen hinter dem Horizont noch, Streuung schon wirksam am Aufbau des Empfangsfeldes beteiligt. Diese Beteiligung mehrerer Mechanismen bedingt eine große Schwankungsbreite der auftretenden Empfangsfelder mit Werten zwischen dem Niveau der reinen Beugung (k = 1) und dem Mehrfachen des Freiraumwertes.
Die bisherigen Erfahrungen [2-7, 17, 58] ergaben in rd. 80% aller Fälle eine enge Korrelation der Empfangsfeldstärke mit dem maritimen Wellenleiter. Bei verschwindender Wellenleiterdicke wird für die m-Wellen meistens der Mechanismus der Beugung und Brechung wirksam, für die cm-Wellen der Mechanismus der Streuung oder der diffusen Reflexion. Einflüsse höherer Schichten traten in rd. 20% aller Fälle auf. Dabei kommt es zur Reflexion an Sprungschichten des Brechungsindex oder zur Wellenleitung in vertikal ausgedehnteren, starken Bodeninversionen.

9.2. Statistische Feldstärkeparameter

Zur Charakterisierung der Empfangsverhältnisse werden in den Tabellen 11 a-c Häufigkeitsverteilungen der stündlich beobachteten Empfangsfeldstärke und ihrer "Streuungen" für drei Perioden gegeben: Jahr 1961 (Tabelle 11 a), Januar und März 1962 (Tabelle 11 b) und September 1962 (Tabelle 11 c). Diese Beispiele sind charakteristisch für mittlere, ungünstige und besonders gute Ausbreitungsbedingungen.

Es wird die Ausbreitungsdämpfung angegeben, die definiert ist als $A = F - F_o$, d.h. Feldstärkewert [dB über 1 µV/m] minus Freiraumwert [dB über 1 µV/m]. Die Tabellen 11 a-c enthalten die in 1, 10, 25, 50% (Medianwert), 75, 90 und 99% der Zeit erreichten bzw. unterschrittenen Werte (bezeichnet mit $A_{1\%}$, $A_{10\%}$, ...). Hieraus gewinnt man entsprechende Streuungen der Empfangsfeldstärke bzw. der Dämpfung ($A_1 - A_{99\%}$, $A_{10} - A_{90\%}$, $A_{25} - A_{75\%}$), die in Tabelle 12 a-c gegeben sind.

Zum Vergleich sind in Tabelle 11 d die bei reiner Beugung und Brechung zu erwarten-

Häufigkeitsverteilung der Ausbreitungsdämpfung

Tabelle 11a: Alle Beobachtungen des Jahres 1961

	Max.	A_1	A_{10}	A_{25}	A_{50}	A_{75}	A_{90}	$A_{99\%}$	Min.
7 GHz-Strecke	15,8	5,7	- 9,9	-21,2	-34,8	-49,2	-59,6	-72,7	-77,2
2 GHz-Strecke	(6,8)	(0)	-19,0	-35,0	-42,9	-48,5	-53,4	(-63,7)	(-70,2)
600 MHz-Strecke	16,8	6,8	-20,9	-31,8	-35,6	-37,7	-39,9	-45,4	-50,2
160 MHz-Strecke	2,0	-9,7	-21,4	-25,0	-26,6	-27,8	-28,2	-30,2	-36,0 [dB]

Die eingeklammerten Werte der 2 GHz-Strecke sind wegen apparativer Fehler unsicher, weil bei extremen Feldstärkeniveaus Fehler im Empfänger und im Schreibsystem auftraten. Die angegebenen Werte sind wahrscheinlich etwas zu niedrig.

Tabelle 11b: Beobachtungen im Januar und März 1962

7 GHz-Strecke	- 5,2	-27,2	-41,6	-48,9	-54,2	-60,0	-67,8	-74,9	-75,2
2 GHz-Strecke	-15,2	-32,0	-46,4	-51,4	-54,7	-58,3	-63,6	-74,8	-75,2
600 MHz-Strecke	- 4,2	-21,5	-22,9	-35,7	-37,4	-38,6	-40,9	-44,5	-47,2
160 MHz-Strecke	-16,0	-23,4	-26,8	-27,6	-28,1	-28,9	-29,4	-32,2	-36,0 [dB]

Tabelle 11c: Beobachtungen im September 1962

7 GHz-Strecke	8,0	3,2	- 4,7	-12,9	-25,7	-40,7	-50,9	-58,0	-63,7
2 GHz-Strecke	4,8	2,7	-16,7	-34,8	-42,4	-48,2	-53,8	-59,4	-63,2
600 MHz-Strecke	12,8	0,1	-22,8	-33,0	-37,0	-40,0	-42,2	-45,2	-48,2
160 MHz-Strecke	-6,0	-13,7	-21,4	-24,5	-26,4	-26,8	-27,1	-29,[illegible]	-38,0 [dB]

Tabelle 11d: Theoretische Ausbreitungsdämpfungen

	$A_{k=1}$	$A_{5/4}$	$A_{4/3}$	A_2	A_3	F_0
7 GHz-Strecke	-91	-73	-68	-42	-23 dB	69,2 [dB über 1 µV/m]
2 GHz-Strecke	-69	-56	-53	-35	-24 "	69,2 "
600 MHz-Strecke	-48	-42	-39	-29	-22 "	69,2 "
160 MHz-Strecke	-31	-29	-28	-23	-19 "	71,0 "

Tabelle 12: Schwankungen der Empfangsfeldstärke

		$F_{1-99\%}$	$F_{10-90\%}$	$F_{25-75\%}$
a) 1961	7 GHz-Strecke	78,4	49,7	28,0 [dB]
	2 GHz-Strecke	(63,7)	34,4	13,5
	600 MHz-Strecke	52,2	19,0	5,9
	160 MHz-Strecke	20,5	6,8	2,8
b) Januar und März 1962	7 GHz-Strecke	54,7	26,2	11,1
	2 GHz-Strecke	42,6	17,2	6,9
	600 MHz-Strecke	23,0	8,0	2,9
	160 MHz-Strecke	8,8	2,6	1,3
c) September 1962	7 GHz-Strecke	61,2	46,2	27,8
	2 GHz-Strecke	62,1	37,1	13,4
	600 MHz-Strecke	45,3	19,6	7,0
	160 MHz-Strecke	15,3	5,7	2,3

den Ausbreitungsdämpfungen für vier Krümmungsfaktoren (k = 1, 4/3, 2 und 3) aufgeführt sowie die Freiraumwerte der Feldstärke in dB über 1 µV/m für eine effektive Strahlungsleistung von 1 kW. Hiermit lassen sich aus Tabelle 11 a-c die entsprechenden Feldstärkewerte bestimmen.

9.2.1. Die Ausbreitungsdämpfung für Richtfunkstrecken verschiedener Frequenz

Die Häufigkeitsverteilungen der stündlichen Medianwerte der Ausbreitungsdämpfung für das Jahr 1961 sowie für die Winterperiode zeigen, daß bei relativ ungünstigen Empfangsbedingungen (75-, 90-, 99%-Werte) die Dämpfung mit zunehmender Wellenlänge abnimmt. Das ist theoretisch bei Beugung und B rechung sowie partieller Ductleitung (beim Auftreten sehr kleiner Wellenleiter) zu erwarten. Wenn man von der 7 GHz-Strecke (Anhebung des Feldstärkeniveaus durch Wellenleitung) absieht, ist das auch noch im Mittel (50%-Werte) der Fall.
Im Sommer liegen allgemein bessere Ausbreitungsbedingungen vor. Die 7 GHz-Strekke wird in mehr als 90% der Zeit begünstigt (Tabelle 11 c), d.h. Wellenleitungseinflüsse sind fast immer vorhanden.
Bei guten Ausbreitungsbedingungen ($A_{25\%}$, $A_{10\%}$, $A_{1\%}$) ist im Jahresdurchschnitt und im Sommer keine systematische Wellenlängenabhängigkeit mehr vorhanden, da für die verschiedenen Frequenzen unterschiedliche Ausbreitungsmechanismen für den Aufbau des Empfangsfeldes verantwortlich sind. Die häufige Bevorzugung der 4 cm-Wellenlänge ($A_{50\%}$, $A_{25\%}$, $A_{10\%}$) ist eine Folge des Ducteinflusses.

Der Vergleich mit der theoretischen Dämpfung für reine Beugung und Brechung in einer Normalatmosphäre zeigt, daß die Verbesserungen gegenüber diesen Werten aus den gleichen Gründen für die kürzesten Wellen am stärksten sind.

Die Ausbreitungsdämpfung jedoch ist in mehr als 50% der Zeit für die 187 cm-Wellenlänge am geringsten, eine Folge des für diese Wellenlänge noch recht kräftigen Beugungseinflusses.

9.2.2. Die Streuung der Feldstärke

In den Tabellen 12a-c werden die auftretenden Schwankungen der Feldstärke angegeben. Da mehrere Ausbreitungsmechanismen zusammenwirken, wird im Entfernungsbereich unserer Richtfunkversuchsstrecken eine relativ große Streuung der Feldstärkewerte beobachtet, im Gegensatz zu Sichtstrecken mit geringen Entfernungen und Scatter-

strecken mit sehr großen Entfernungen zwischen Sender und Empfänger.
Die Feldstärkeschwankungen sind für die 4,4 cm-Strecke am größten, für die 187 cm-Strecke am kleinsten, sowohl im Mittel als auch im Sommer und Winter. Von extremen Verhältnissen abgesehen, werden im Mittel Änderungen der Feldstärke (A_{10} - $A_{90\%}$) von etwa 5o dB für die 4,4 cm-Wellenlänge, 35 dB für die 13 cm-Wellenlänge, 2o dB für die 5o cm-Wellenlänge und 7 dB für die 187 cm-Wellenlänge beobachtet. Die Streuung ist im Sommer z. T. erheblich größer als im Winter.
Die gefundenen statistischen Ergebnisse passen im großen und ganzen in den Rahmen des von anderen Stellen gesammelten langjährigen Datenmaterials [siehe z. B. 73].

9.2.3. Häufigkeitsverteilung der Schwundtypen

Weitere Einblicke in die Empfangsverhältnisse ergibt die Fadinganalyse. In Tabelle 13 sind die Häufigkeiten des sog. Scintillationsfadings (Fadingtypen A, B, EA, EB) und des längerperiodischen Fadings (Typen C, D, EC) in den drei betrachteten Perioden (1961, Januar und März 1962 und September 1962) angegeben.

Tabelle 13: Häufigkeiten der Fadingtypen

	A, B, EA, EB ("kurzperiodisches Fading")	C, D, EC ("längerperiodisches Fading")
	1961	
7 GHz-Strecke	81,9 %	18,1 %
2 GHz-Strecke	78,4 %	21,6 %
6oo MHz-Strecke	66,1 %	33,9 %
16o MHz-Strecke	63,1 %	36,9 %
	Januar und März 1962	
7 GHz-Strecke	98,1 %	1,9 %
2 GHz-Strecke	94,2 %	5,8 %
6oo MHz-Strecke	91,4 %	8,6 %
16o MHz-Strecke	86,6 %	13,4 %
	September 1962	
7 GHz-Strecke	9o,3 %	9,7 %
2 GHz-Strecke	88,5 %	11,5 %
6oo MHz-Strecke	77,9 %	22,1 %
16o MHz-Strecke	69,5 %	3o,5 %

Das "kurzperiodische" Fading überwiegt für die betrachteten Wellenlängen in allen

Jahreszeiten. Es besteht offenbar eine gewisse Wellenlängenabhängigkeit. Für cm-Wellen treten die Fadingtypen A und B häufiger auf als für m-Wellen. Im Jahresdurchschnitt (1961) werden sie auf der 7 GHz-Strecke in 82% der Zeit beobachtet, auf der 16o MHz-Strecke nur in 63% der Zeit. Hierdurch deutet sich an, daß die Einflüsse höherer Schichten - in diesen Fällen vorwiegend Reflexionseffekte - bei m-Wellen häufiger wirksam sind, und das ist von der meteorologischen Situation her zu erwarten, da die Grenzschichteinflüsse nur für cm-Wellen zu optimaler Ausbreitung führen können (siehe Abschnitt 6. 1. und 9. 3.).

9. 3. Die Abhängigkeit der Empfangsfeldstärke vom Verdunstungswellenleiter

a) Schwundtypen A und B

Die langjährigen Feldstärkemeßreihen lassen ganz deutlich die Wirkung eines Wellenleitermechanismus für den überwiegenden Teil der Beobachtungszeit erkennen. Die Empfangsfeldstärke steigt mit wachsender Wellenleiterdicke an mit der für Ductausbreitung charakteristischen Wellenlängenabhängigkeit. Da der Verdunstungswellenleiter nur selten Dicken von 2o m überschreitet, ist sein Einfluß für die Wellenlänge von 53 cm und insbesondere von 187 cm von geringerer Bedeutung. In der Abbildung 1o ist ein typisches Beispiel für die Wirkung des maritimen Wellenleiters gegeben. In Abhängigkeit von der Zeit (Abszisse) sind gleichzeitige Beobachtungen der Wellenleiterdicke (am Feuerschiff Elbe 1) und der Empfangsfeldstärke für die vier benutzten Richtfunkstrecken (Wellenlängen : 4,4 cm, 13,1 cm, 53 cm, 187 cm) übereinander aufgetragen. Der Zusammenhang ist eindeutig festzustellen. Bei Schwankungen der Wellenleiterdicke zwischen etwa 3 m und 18 m beobachten wir Schwankungen der Empfangsfeldstärke von 55 dB auf der 7 GHz-Strecke, 33 dB auf der 2 GHz-Strecke und 17 dB auf der 6oo MHz-Strecke. Auf der 16o MHz-Strecke können Schwankungen praktisch nicht festgestellt werden. Das Empfangsfeld wird in dieser Periode durch die Fadingtypen A und B gekennzeichnet. Wie zu erwarten, erreicht die Feldstärke auf der 7 GHz-Strecke einen Pegel in der Nähe des Freiraumniveaus, da für diese Wellenlänge die für totale Ductleitung erforderliche kritische Wellenleiterdicke des öfteren überschritten wird. Auf den anderen Strecken kommt es nur zur partiellen Ductleitung.

Die hier gültige charakteristische Wellenlängenabhängigkeit ermöglicht es, allein mit Methoden der Wellenausbreitung, nämlich durch Messung der Empfangsfeldstärke für verschiedene Frequenzen, derartige Schichtbildungen zu erkennen und zu klassifizieren.

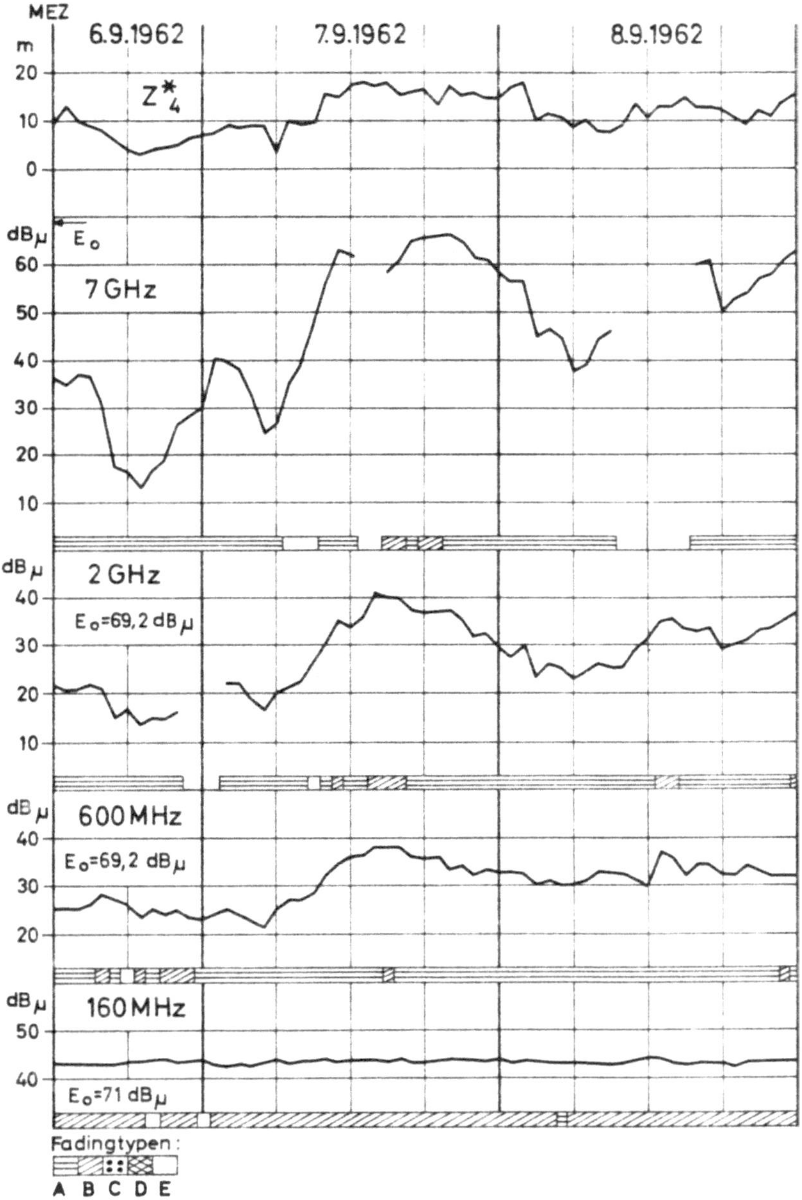

Abb.10. Gleichzeitige Beobachtungen der maritimen Wellenleiterdicke und der Empfangsfeldstärke verschiedener Wellenlängen (vorwiegend Schwundtypen A, B)

Der Einfluß des Verdunstungswellenleiters wird fast ausschließlich durch die Schwundtypen A und B charakterisiert.

Die Abbildung 11 zeigt die Abhängigkeit der Empfangsfeldstärke von der Dicke des Verdunstungswellenleiters für ein größeres Kollektiv (Juli 1961, Januar und März 1962). Die stündlichen Medianwerte der Feldstärke [dB über 1 µV/m] für die Richtfunkstrekken auf den Frequenzen 7 GHz, 2 GHz, 600 MHz und 160 MHz sind jeweils in der Ordinate, die gleichzeitig beobachtete Wellenleiterdicke [m] in der (logarithmisch geteilten) Abszisse aufgetragen. Es wurden nur Perioden, die durch die Fadingtypen A, B oder E gekennzeichnet sind, verwendet. Um eine große Spanne von Ductdicken und Feldstärkewerten zu überdecken, wurden ein Sommer- und ein Winterkollektiv zusammengefaßt.

Die im Einzelfall gefundenen Tatbestände werden hier bestätigt. Es ergibt sich eine eindeutige Abhängigkeit, die umso markanter in Erscheinung tritt, je kürzer die Wellenlänge ist. In dieser Darstellung zeigt sich auch eine - wie zu erwarten geringe - Wirkung des maritimen Wellenleiters auf der 160 MHz-Strecke. Im Mittel liegt hier das Niveau der Feldstärke bei Wellenleiterdicken von 15 m etwa 2 dB höher als bei Wellenleiterdicken zwischen 0 und 5 m.

Die in Abbildung 11 gegebenen Zusammenhänge werden durch Korrelationskoeffizienten von 0,84 (7 GHz), 0,72 (2 GHz), 0,58 (600 MHz) und 0,53 (160 MHz) gekennzeichnet. Der Zufallshöchstwert des Korrelationskoeffizienten beträgt für derartige Kollektive von 800 bis 1000 Werten etwa 0,1.

Die Streuung der Meßwerte ist für alle Wellenlängen recht erheblich; doch ist dies bei geophysikalischen Zusammenhängen nicht außergewöhnlich. Es sei daran erinnert, daß wir stündliche Medianwerte der Feldstärke den an e i n e m Punkt des Meßgebietes bestimmten momentanen Wellenleiterdicken gegenüberstellen. Trotz häufiger Eichungen können ferner apparative Fehler, die sich in einer Änderung des Absolutniveaus auswirken, nicht ganz ausgeschaltet werden. Das zeigt insbesondere eine genaue Analyse der 2 GHz-Punktwolke (Abbildung 11). Auch bei Wellenleiterdicken von 3 und mehr Metern werden gelegentlich stark unternormale Feldstärkewerte beobachtet. Hierfür gibt es keine meteorologische Erklärung; vielmehr ist es wahrscheinlich, daß Frequenzwanderungen des Empfängeroszillators die Ergebnisse verfälschten. Diese Fehler wurden erst später voll erkannt und beseitigt.
Durch kompliziertere Theorien bei Berechnung der Wellenleiterdicke, die der Abweichung vom logarithmischen Modell bei diabatischer Schichtung Rechnung tragen, können die Korrelationen jedoch noch verbessert werden. Hierüber wird in Abschnitt 13

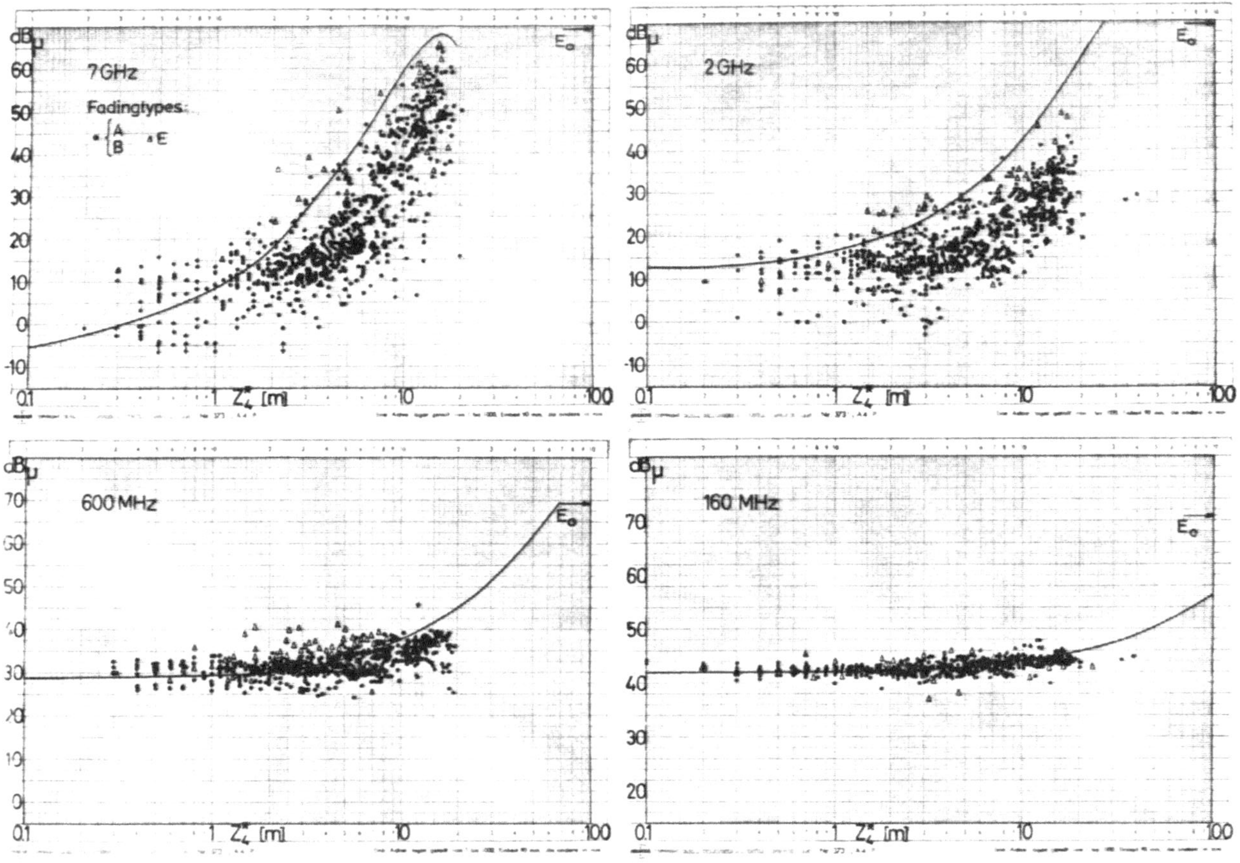

Abb. 11. Die Feldstärke der 7GHz-, 2GHz-, 600MHz- und 160MHz-Strecken in Abhängigkeit von der maritimen Wellenleiterdicke Z^*_4
Fadingtypen A, B, E

ausführlicher berichtet.

b) Schwundtypen C und D

Beim Auftreten des längerperiodischen Fadings (Typen C und D) ist keine Korrelation mit der Verdunstungswellenleiterdicke vorhanden. Das zeigt deutlich die Abbildung 12, in der die Feldstärkewerte der 7 und 2 GHz-Strecken (unterteilt in Fadinggruppen) als Funktion der Wellenleiterdicke (hier linear geteilte Abszisse) für die Periode August 1960 sowie Januar bis März 1961 aufgetragen sind. Während man für die Fadingtypen A, B, E wieder einen engen Zusammenhang zwischen der Feldstärke und der Verdunstungswellenleiterdicke mit Korrelationskoeffizienten von 0,87 (7 GHz) und 0,74 (2 GHz) findet, ergibt sich beim Auftreten der Fadingtypen C und D kein Zusammenhang zwischen der Empfangsfeldstärke und der maritimen Wellenleiterdicke. Auch bei sehr geringen Wellenleiterdicken werden Höchstfeldstärken beobachtet.
Liegt eine Einteilung nach Fadingtypen nicht vor - würde man also alle Feldstärkewerte mit der Verdunstungswellenleiterdicke korrelieren - dann kann der Effekt des maritimen Wellenleiters vollkommen verdeckt werden.
Beim Vorherrschen der Fadingtypen C und D werden nicht nur auf der 7 GHz- und 2 GHz-Strecke die höchsten Feldstärkepegel beobachtet, sondern auch auf der 600 MHz- und 160 MHz-Strecke. Abbildung 13 zeigt einen charakteristischen Fall. Die beobachtete Verdunstungswellenleiterdicke reicht bei weitem nicht aus, um das hohe Feldstärkeniveau, insbesondere auf den dm- und m-Strecken, zu erklären. Wie gleichzeitig durchgeführte Vertikalsondierungen mit Spezialradiosonden oder Refraktometern zeigen, handelt es sich in solchen Fällen um den Einfluß ausgedehnter Inversionsschichten. Einerseits werden sie als Advektionswellenleiter (Bodeninversion) mit Dicken bis 150 m wirksam, andererseits - jedoch seltener - als reflektierende Schichten (freie Inversion).
Die hier gefundene dominierende Wirkung des Verdunstungswellenleiters sowie gelegentliche Einflüsse höherer Schichten wurden durch Messungen der Höhenabhängigkeit der Feldstärke eindeutig bestätigt [17, 58, 7].

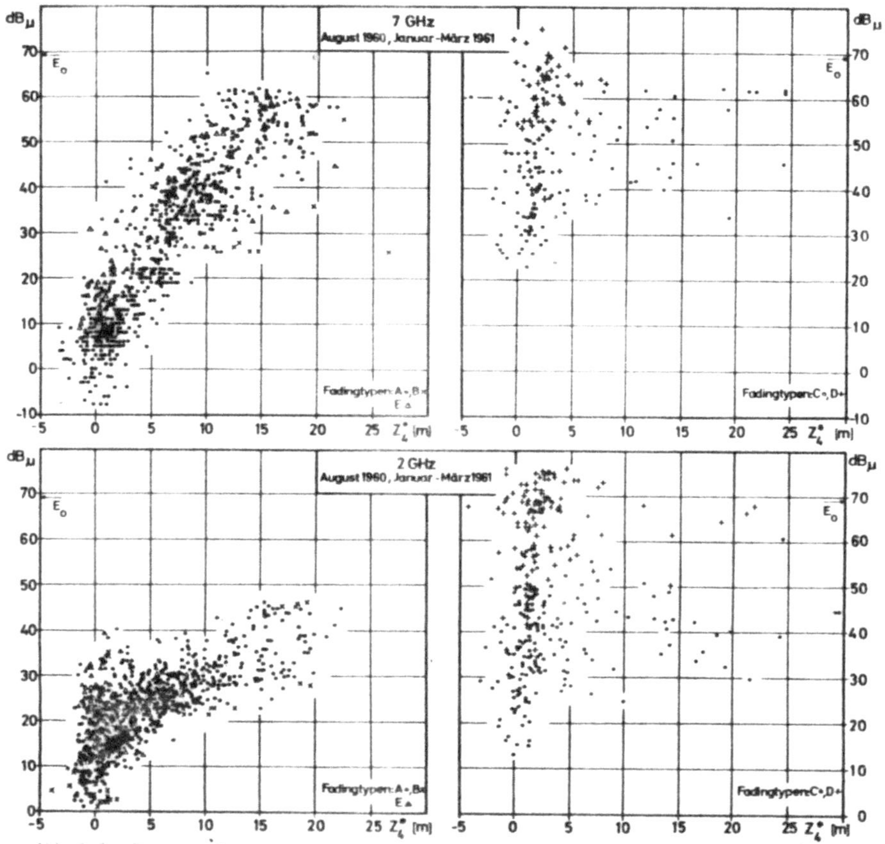

Abb.12. Die Empfangsfeldstärke (7GHz u. 2GHz) als Funktion der maritimen Wellenleiterdicke für die Schwundtypen A,B,E (links) und C,D (rechts)

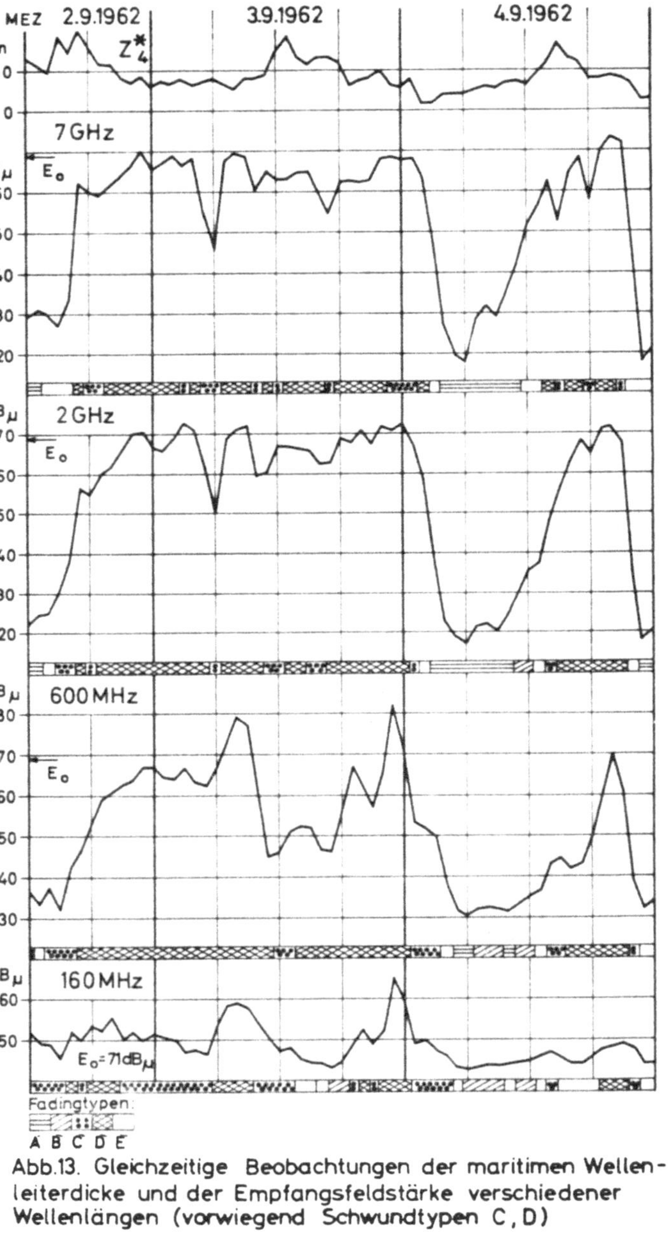

Abb.13. Gleichzeitige Beobachtungen der maritimen Wellenleiterdicke und der Empfangsfeldstärke verschiedener Wellenlängen (vorwiegend Schwundtypen C, D)

9.4. Abweichungen vom Mechanismus der Ductausbreitung beim Auftreten der Schwundtypen A und B

9.4.1. Ursache des kurzperiodischen Fadings

Die Fadingtypen A und B können lediglich als ein im Mittel zutreffender Indikator für Ductausbreitung auf den betrachteten Richtfunkstrecken angesehen werden. Ursächlich ist dieses Schwundbild nicht an den Mechanismus der Ductausbreitung geknüpft. Auch bei Fehlen eines Verdunstungswellenleiters bzw. bei unternormaler Brechungsindex - schichtung ($z_* < o$) dominiert das kurzperiodische Fading, wenn die Atmosphäre stark turbulent ist. In diesen Fällen ist das Fading sogar noch intensiver (stärkere Amplitude, höhere Fadingfrequenz).
Wir führen das kurzperiodische Fading allgemein auf den Einfluß eines Streumechanismus in der turbulenten Atmosphäre zurück, der sich dem konstanten bzw. sich nur langsam ändernden Hauptfeld (Beugung und Brechung oder partielle Ductleitung) überlagert. Die schnellen Feldstärkeschwankungen werden als Dopplereffekt der an den bewegten Turbulenzelementen gestreuten Wellen gedeutet [74, 75]. Bei ungünstigen Ausbreitungsbedingungen kann das überlagerte Streufeld das gleiche Feldstärkeniveau oder sogar ein höheres als das sog. Hauptfeld erreichen. In diesem Fall wird auch das mittlere Niveau des Empfangsfeldes durch den Mechanismus der Streuausbreitung bestimmt.

9.4.2. Die Korrelation zwischen Feldstärke und Ductdicke bei unternormalen Ausbreitungsbedingungen

Mit Abweichungen von der Ductausbreitung, die an Hand des Fadingtyps nicht erkannt werden können (jedenfalls nicht mit dem routinemäßig benutzten Registrierverfahren, siehe Abschnitt 3.1.2.), ist aus den genannten Gründen insbesondere bei unternormalen Ausbreitungsbedingungen zu rechnen. Bei fehlender bzw. "negativer Wellenleiterdicke" ($z_* < o$) erreicht bzw. unterschreitet das Empfangsfeld sehr häufig n i c h t das Niveau der zu erwartenden Beugungsfeldstärke ($k = 4/3$ oder $5/4$). Die Streuung der Feldstärke wird besonders für die 7 und 2 GHz-Strecke im Bereich negativer und geringer z_*-Werte relativ groß (Abbildung 12). Die Empfangsfeldstärke kann in diesen Fällen Werte erreichen, die weit über dem theoretisch zu erwartenden Niveau liegen. Dagegen ist die Feldstärke der 600 MHz-Strecke bei unternormalen Ausbreitungsbedingungen fast ausschließlich kleiner als der für eine Normalatmosphäre errechnete Wert.

Diese Tatsachen sind auf den Einfluß eines Streumechanismus zurückzuführen, der insbesondere für cm-Wellen das durch Beugung und Brechung bedingte Niveau der Feldstärke überschreiten kann.

Einwandfrei können diese Verhältnisse (Scattereinflüsse) durch Messungen der Höhenabhängigkeit nachgewiesen werden [17, 58]. Die Korrelation der Empfangsfeldstärken bei verschiedenen Antennenhöhen zeigt insbesondere für die Frequenz 7 GHz, daß bei Feldstärkewerten, die kleiner als etwa 15 - 2o dB über 1 $\mu V/m$ sind, häufig mit Streueinflüssen zu rechnen ist.

Im nächsten Abschnitt wollen wir uns durch eine andere Methode Einblick in evtl. auftretende Scattereinflüsse verschaffen.

9.4.3. Statistische Trennung des Empfangsfeldes in Haupt- und Streufeld

Vorausgesetzt, daß das Empfangsfeld sich aus einer quasi-stationären Komponente (Ductfeldstärke) und einem zeitlich variablen Feld (Scatterfeldstärke) zusammensetzt, lassen sich beide Anteile voneinander trennen. S. O. Rice [76] hat die Amplitudenverteilung abgeleitet, die sich durch Überlagerung eines konstanten Vektors und eines (verallgemeinerten) Raleigh-Vektors (Amplituden der einzelnen gestreuten Wellen und Phasen, in einem Intervall von o bis 2π, zufällig verteilt) ergibt. Allgemeinere Verteilungen sind z. B. von P. Beckmann [28, 23] gegeben worden. Für den Fall der "Rice-Verteilung" haben Norton et al. [77] die entsprechenden numerischen Unterlagen zur Verfügung gestellt, die eine Trennung von Haupt- und Streufeld ermöglichen, wenn statistisch stationäre Verhältnisse vorliegen, d. h. die Häufigkeitsverteilung der Feldstärkeamplitude über einen kürzeren Zeitabschnitt konstant ist. Es muß der Medianwert der Mischverteilung und die Fadingtiefe - definiert als Differenz der Zeitprozentwerte $F_{10\%} - F_{90\%}$ bzw. $F_{1\%} - F_{99\%}$ - bekannt sein. Aus den bisher durchgeführten Routineaufzeichnungen der Feldstärke mit den üblichen langsamen Tintenschreibern kann die Fadingtiefe nicht bestimmt werden.

Für einen kürzeren Zeitabschnitt (29. 3. 1963 bis 1o. 4. 1963) wurden deshalb auf der 7 GHz-Strecke Registrierungen mit einem elektronischen Häufigkeitszähler vorgenommen; so konnten fortlaufend die Feldstärkeverteilungen über jeweils 1o Minuten gewonnen und damit der Medianwert und die (unverfälschte) Fadingtiefe abgeleitet werden. Die Abbildung 14 gibt einen Überblick über das vorliegende Material. Aufgetragen ist die Fadingtiefe in Abhängigkeit vom Medianwert der Feldstärke. Die Fadingtiefe nimmt im allgemeinen mit dem Medianwert ab, was durch Feinanalysen des Fadings bestätigt wird [78]. Im wesentlichen wurden nur solche Fälle berücksichtigt, in denen die Schwundtypen A, B oder E auftraten. Der vorherrschende Fadingtyp wurde der parallel laufenden Routineregistrierung entnommen. Die durchgeführten Rechnun-

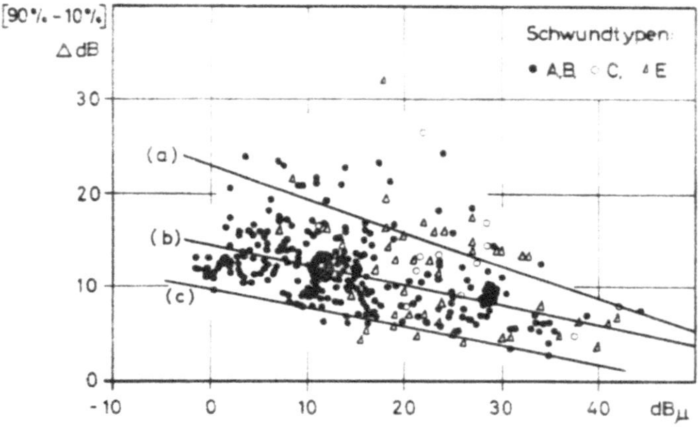

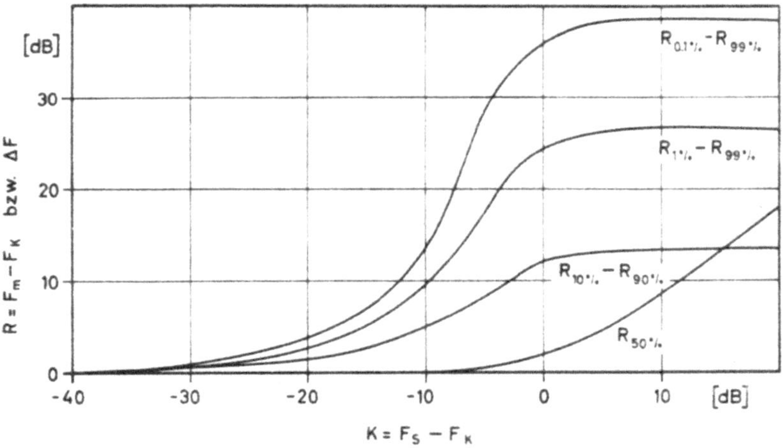

Abb.15. Rice - Verteilung

gen zur Trennung des Empfangsfeldes mit Hilfe der in [77] gegebenen Unterlagen sind in Tabelle 14 zusammengestellt. Es wurden für Medianwerte zwischen o und 4o dB über 1 μV/m (in Schritten von 5 dB) jeweils drei Fadingtiefen berücksichtigt. Die mit (a), (b), (c) bezeichneten Werte stellen etwa maximale, mittlere und minimale Verhältnisse dar. Die in Abbildung 14 eingetragenen Geraden zeigen die vorgenommene Einteilung.

Erklärung der Symbole (Tabelle 14, siehe folgende Seite) und Erläuterung des Verfahrens:

F_m : Medianwert der gemessenen Feldstärke für ein 1o Minuten-Intervall [dB über 1 μV/m]

ΔF : Fadingtiefe ($F_{10} - F_{90\%}$) der gemessenen Feldstärke für das betrachtete 1o Minuten-Intervall

K : 2o log E_s - 2o log E_k [dB] (bzw. $K = F_s - F_k$), Verhältnis des "gestreuten" zum "konstanten" Anteil des Empfangsfeldes. Dieser Faktor kann aus dem in Abbildung 15 (Parameter der Rice-Verteilung nach [77]) gegebenen Diagramm mit Hilfe der Fadingtiefe bestimmt werden; d. h. bei Gültigkeit der Rice-Verteilung gehört zu einer bestimmten Fadingtiefe ein definiertes Verhältnis der beiden Komponenten des Empfangsfeldes.

R : 2o log E_m - 2o log E_k [dB] (bzw. $R = F_m - F_k$), Verhältnis des Medianwertes der Mischverteilung zum Wert der konstanten Komponente des Empfangsfeldes. Dieser Faktor kann ebenfalls der Abbildung 15 entnommen werden, wenn K bekannt ist. Zu einem gegebenen K-Wert gehört also ein bestimmter R-Wert. Aus K und R sowie F_m kann man

F_k : das konstante Teilfeld (Hauptfeld) [dB über 1 μV/m] und

F_s : das zeitlich variable Teilfeld (Streufeld) ableiten, da die Beziehungen $K = F_s - F_k$ und $R = F_m - F_k$ nur zwei Unbekannte (F_s und F_k) enthalten.

In die letzte Spalte der Tabelle 14 wurden zum Vergleich die zu den entsprechenden Medianwerten der Feldstärke gehörenden mittleren Wellenleiterdicken (nach Abbildung 11, August 196o und Januar-März 1961) eingetragen.

Eine nähere Analyse der Tabelle 14, die für Verhältnisse im Frühjahr typisch ist, ergibt folgendes:
Bei geringem Absolutniveau der Feldstärke und großer Schwundtiefe (a), dominiert meistens das Scatterfeld. Es gibt jedoch auch Situationen, in denen der Scattereinfluß so gering ist, daß trotz des geringen Absolutniveaus der konstante Anteil (Ducteinfluß oder Brechung) überwiegt. Dies tritt auf, wenn die Fadingtiefe (bei geringem Absolutniveau) relativ klein ist (c).

Tabelle 14:

	F_m	ΔF	K	R	F_k	F_s	z^*_4
(a)	o	23,1	•)	•)	•)	o	< o m
(b)	o	14,7	•)	•)	•)	O	
(c)	o	9,9	- 2,8	1,o	1	- 1,8	
(a)	5	21,4	•)	•)	•)	5,o	
(b)	5	13,6	•)	•)	•)	5,o	≈ o m
(c)	5	8,7	- 4,4	o,8	4,2	- o,2	
(a)	1o	19,6	•)	•)	•)	1o,o	
(b)	1o	12,6	2,o	2,7	7,3	9 ,3	1,2 m
(c)	1o	7,8	- 5,4	o,6	9,4	4, o	
(a)	15	15,7	•)	•)	•)	15,o	
(b)	15	11,5	- 1,2	1,3	13,7	12,5	2,4 m
(c)	15	6,9	- 6,8	o,4	14,6	7,8	
(a)	2o	16,1	•)	•)	•)	2o,o	
(b)	2o	1o,4	- 2,3	o,9	19,1	16,8	3,5 m
(c)	2o	6,o	- 8,o	o,3	19,7	11,7 ••)	
(a)	25	14,2	•)	•)	•)	25,o	
(b)	25	9,4	- 3,6	o,8	24,2	2o,7	4,7 m
(c)	25	4,9	-1o,o	o,2	24,8	14,8	
(a)	3o	12,4	1,o	2,2	27,8	28,8	
(b)	3o	8,1	- 5,o	o,6	29,4	24,4	6,o m
(c)	3o	4,o	-11,6	o,2	29,8	18,2	
(a)	35	1o,7	- 2,o	1,o	34,o	32,o	
(b)	35	7,1	- 6,7	o,4	34,6	27,9	7,8 m
(c)	35	2,9	-12,o	o,1	34,9	22,9	
(a)	4o	9,o	- 4,o	o,7	39,3	35,3	
(b)	4o	6,o	- 8,o	o,3	39,7	31,7	9,8 m
(c)	4o	(2,o)	-17,o	o,1	4o,o	23,o	

•) Reine "Rayleigh-Verteilung": ein konstanter Vektor spielt keine Rolle, d.h. es liegt praktisch ein reines Streufeld vor.

••) Ab etwa K = -6 wurde die Abbildung 15 durch eine Darstellung ersetzt, in der die Ordinate logarithmisch geteilt ist.

Für mittlere Fadingtiefen (b) ist ein Übergewicht der Streufeldstärke bis zu einem Absolutniveau der Feldstärke von ca. 15 dB über 1 µV/m (Wellenleiterdicke 2 - 3 m) zu finden, bei großer Fadingtiefe (a) sogar bis etwa 25 oder 3o dB über 1 µV/m (Wellenleiterdicke etwa 5 - 6 m).

Mit anwachsendem Absolutniveau und Abnahme der Fadingtiefe verliert die Streufeldstärke an Bedeutung; das durch Ducteinflüsse verursachte (konstante) Feld bestimmt das absolute Feldstärkeniveau. Für Feldstärkepegel von mehr als 3o dB über 1 µV/m ist im allgemeinen nicht mehr mit einem Überwiegen von Streueinflüssen zu rechnen. Dies stimmt im großen und ganzen mit den Erfahrungen, die bei der Analyse der Messungen der Höhenabhängigkeit der Feldstärke gewonnen wurden, überein [17, 58].

Erwähnt sei, daß sich mit einer von Norton [79] gegebenen Vorhersagemethode die Scatterfeldstärke für die 7 GHz-Strecke zu etwa 15 - 2o dB über 1 µV/m ergibt.

Die Fadingtiefe stellt also ein wesentliches Charakteristikum des Empfangsfeldes dar, mit dessen Hilfe weitere Aussagen über den Ausbreitungsmechanismus gemacht werden können. Denn eine Unterteilung des Schwundes nach dem optischen Bild der Registrierung reicht oft nicht aus, um verschiedene Ausbreitungseinflüsse eindeutig voneinander zu unterscheiden. Feinanalysen des Fadings, insbesondere auch unter Berücksichtigung der Fadingfrequenz [78], lassen jedoch hoffen, daß quantitative Kriterien zur Kennzeichnung bestimmter Ausbreitungsmechanismen gefunden werden können.
Bei einer näheren Analyse des Zusammenhanges zwischen Feldstärke und Wellenleiter sind die diskutierten, normalerweise nicht erkennbaren, Störungen der Ductausbreitung zu berücksichtigen.

9.5. Vergleich der Feldstärkemessungen mit der Ausbreitungstheorie

Die durchgeführten Messungen bestätigten prinzipiell die von der Ausbreitungstheorie bei Vorliegen von Wellenleitern geforderten Zusammenhänge. Ein quantitativer Vergleich fällt jedoch weniger günstig aus. Das zeigte die Abbildung 11, in der neben den beobachteten Abhängigkeiten der Feldstärke von der Wellenleiterdicke die theoretisch zu erwartenden Beziehungen (für den 1. mode) eingetragen wurden. Die Rechnungen wurden nach der Theorie von Booker-Walkinshaw für ein Potenzprofil des Brechungsindex mit dem Exponenten 1/5 durchgeführt.

Die gemessenen Werte liegen insbesondere für die cm- und dm-Strecken erheblich unter den theoretisch zu erwartenden Werten. Dieses Bild ändert sich auch nicht wesentlich, wenn anstelle des logarithmischen Modells für den Brechungsindexverlauf andere Modelle bei der Ductdickenberechnung benutzt werden (siehe Abschnitt 13). Die für eine bestimmte Ductdicke berechneten Feldstärkewerte bleiben im allgemeinen größer als die beobachteten.

Die auftretenden Unterschiede dürften wohl kaum durch die verschiedenen Profilformen, die der Ausbreitungsrechnung einerseits und der Berechnung der maritimen Wellenleiterdicke andererseits zugrunde liegen, erklärbar sein. Das von Booker und Walkinshaw benutzte Profil nähert die Eigenschaften der wirklichen Profile ganz gut an, wie die Abbildung 4 zeigte. Die mit dem von Fehlhaber benutzten Parabelprofil berechnete Feldstärke [56] liegt wegen der schwachen vertikalen Gradienten des Brechungsindex erheblich tiefer. Dieses Modell entspricht jedoch nicht den meteorologischen Verhältnissen.

Die beobachteten Abweichungen müssen also andere Gründe haben. Ihre Hauptursache dürfte in einer zusätzlichen Energiezerstreuung zu suchen sein; denn die Theorie berücksichtigt weder die Brechungsindexfluktuationen im Duct noch die Unregelmäßigkeiten der Ober- und Untergrenze des Duct.

In einer theoretischen Arbeit behandelt Karbowiak [8o] Wellenleitungsvorgänge in turbulenten Medien, in denen sowohl Inhomogenitäten des Mediums als auch der Grenzflächen angenommen werden. Er findet eine zusätzliche Dämpfung gegenüber der normalen mode-Theorie in homogenen Wellenleitern. Eine quantitative Abschätzung dieses Effektes im Falle eines atmosphärischen Wellenleiters steht noch aus.

1o. DIE ABHÄNGIGKEIT DER EMPFANGSFELDSTÄRKE VON DER WELLENLEITERDICKE BEI UNTERSCHIEDLICHER ATMOSPHÄRISCHER SCHICHTUNG

Während im vorhergehenden Kapitel der Einfluß der maritimen Wellenleiterdicke in allgemeiner Form behandelt wurde, befaßt sich dieser Abschnitt mit Detailproblemen der Duct-Feldstärke-Korrelation, die insbesondere vom Gesichtspunkt der atmosphärischen Turbulenzforschung interessant sind.

1o.1. Korrelation zwischen der Feldstärke und der Brechungswertdifferenz ΔN

Bei radiometeorologischen Untersuchungen wird häufig die Empfangsfeldstärke mit der vertikalen Brechungswertdifferenz ΔN (Brechungswert in einer bestimmten Höhe minus

Brechungswert am Boden) korreliert. Unter bestimmten meteorologischen Bedingungen findet man einen engen Zusammenhang zwischen diesem einfachen Parameter und den Empfangsverhältnissen. Doch oft versagt dieses Modell auch.

Die Korrelation zwischen der Feldstärke und der Brechungswertdifferenz in der maritimen Grenzschicht (zwischen 6 m Höhe und der Wasseroberfläche) zeigt die Problematik, die bei der Anwendung einfacher meteorologischer Parameter auftritt. Wir betrachten diesen Fall hier im Rahmen von Wellenleitungsvorgängen. Bei den übrigen Ausbreitungsmechanismen werden sich andere Verhältnisse ergeben. Doch ist das hier diskutierte Beispiel von prinzipieller Bedeutung. Denn es zeigt sich, daß durch Einführung eines komplizierteren Parameters, der für den Ausbreitungsmechanismus charakteristisch ist - in diesem Fall also die Wellenleiterdicke - ein Zusammenhang mit der Feldstärke gefunden wird, auch wenn der einfache Parameter versagt.

B e i s p i e l 1 (September 1962, alle Beobachtungen mit A-, B-, E-Typen)
Die Abbildungen 16 a und 17 a *) zeigen den Zusammenhang der Feldstärke mit der gleichzeitig beobachteten Brechungswertdifferenz. Die Streuung ist sehr groß; für die 7 GHz-Strecke erhält man einen Korrelationskoeffizienten von o,45, für die 2 GHz-Strecke von o,11. D.h. mit Hilfe des einfachen Parameters ΔN lassen sich die Ausbreitungsbedingungen nicht oder nur sehr mangelhaft beschreiben.
Die entsprechenden Punktwolken zeigen eine systematische Aufgliederung nach der Stabilität der Schichtung. Die instabilen Fälle (negative Ri-Zahlen) liegen vorwiegend am rechten Rand der Punktwolke, die stabilen (positive Ri-Zahl) am linken Rand. Für gewisse Situationen jedoch - in der Mitte der Punktwolke gelegen - ist die Korrelation mit ΔN offenbar sehr eng.

B e i s p i e l 1 a (September 1962, Auswahl)
Betrachtet man nämlich nur Fälle, in denen keine starken Abweichungen der Schichtung vom neutralen Gleichgewichtszustand vorliegen, so erhält man einen engen Zusammenhang zwischen der Feldstärke und ΔN. Für die 7 GHz-Strecke ergibt sich ein Korrelationskoeffizient von o,78, wenn man nur Situationen betrachtet, für die gilt:

---

*) In den Abbildungen 16 a-1 und 17 a-1 sind (in der Ordinate) die beobachteten stündlichen Medianwerte der Empfangsfeldstärke (7 GHz- und 2 GHz-Strecke) als Funktion von ΔN bzw. verschiedenen Kollektiven von Wellenleiterdicken (Abszisse), die wir im Verlauf der Arbeit kennenlernen, dargestellt. Es wurde eine Unterteilung nach Schwundtypen, nach der Richardson'schen Zahl und nach der Brechungswertdifferenz ΔN vorgenommen.

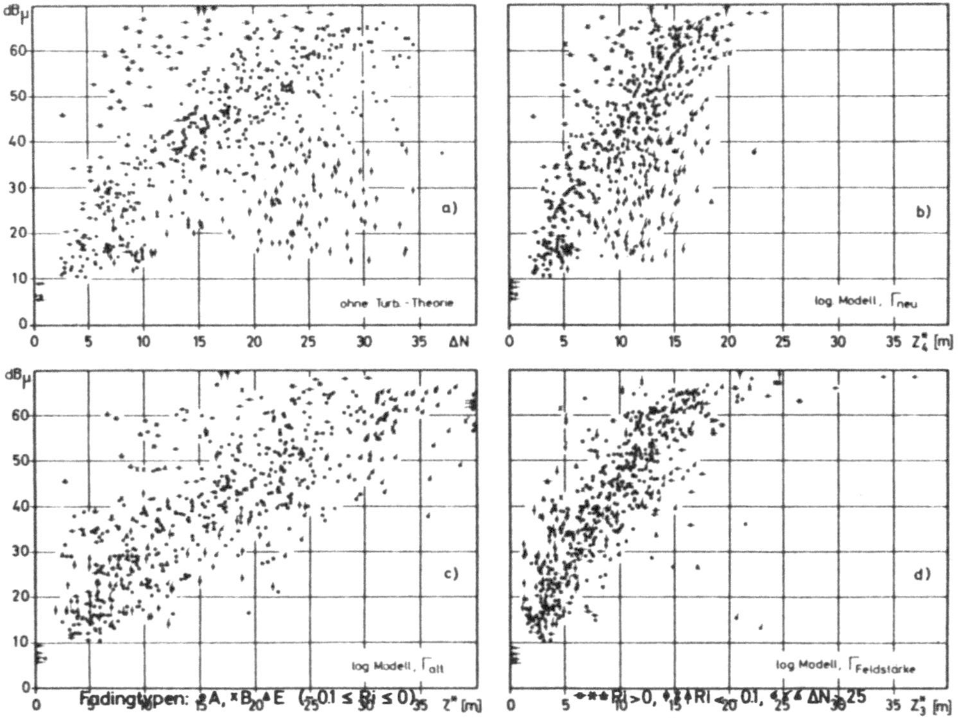

Abb. 16 (I). Korrelation zwischen der 7GHz-Empfangsfeldstärke und der Brechungswertdifferenz ΔN sowie den Wellenleiterdicken Z_4^*, Z^*, Z_3^*, (September 1962)

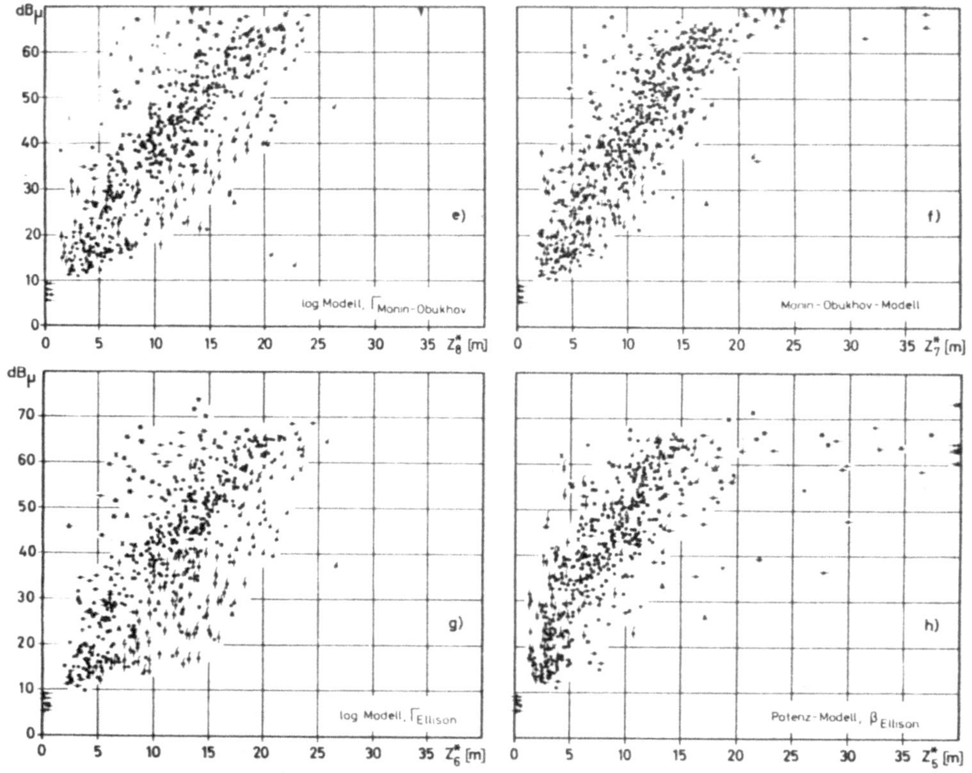

Fadingtypen: •A, ×B, ▲E $(-0.1 \leq Ri \leq 0)$ ◆✱▲ $Ri > 0$, ⧫⧫⧫ $Ri < -0.1$, ◆✗▲ $\Delta N \geq 25$

Abb.16 (II). Korrelation zwischen der 7GHz-Empfangsfeldstärke und den Wellenleiterdicken $Z_8^*, Z_7^*, Z_6^*, Z_5^*$ (September 1962)

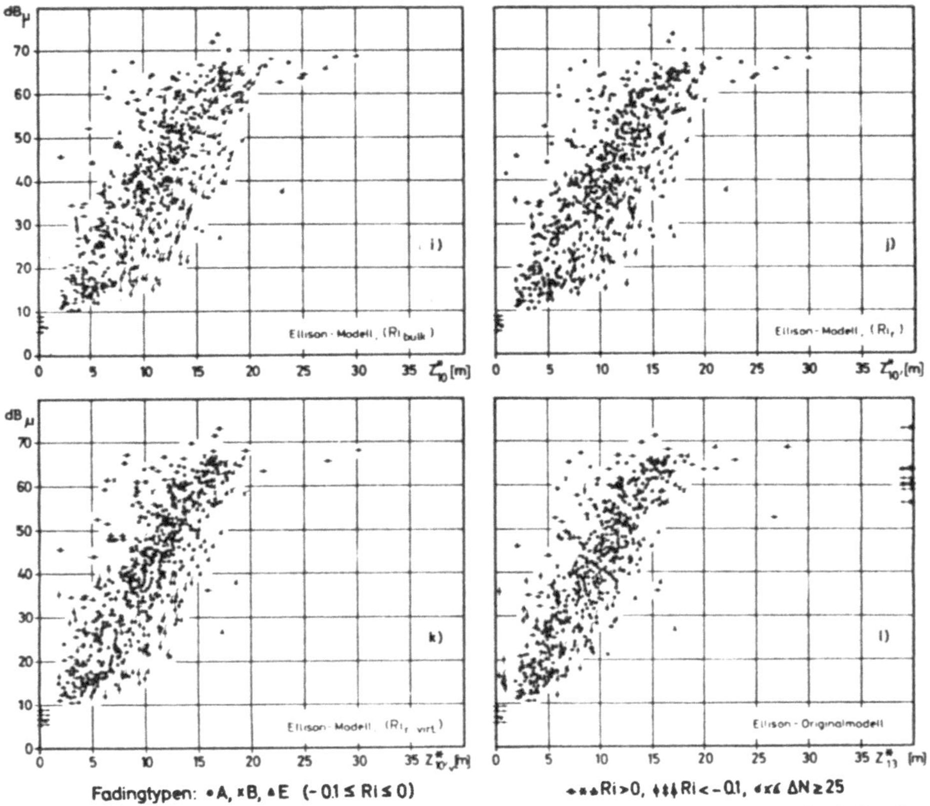

Abb. 16 (III). Korrelation zwischen der 7GHz - Empfangsfeldstärke und den Wellenleiterdicken Z^*_{10}, $Z^*_{10'}$, $Z^*_{10_v}$, Z^*_{13} (September 1962)

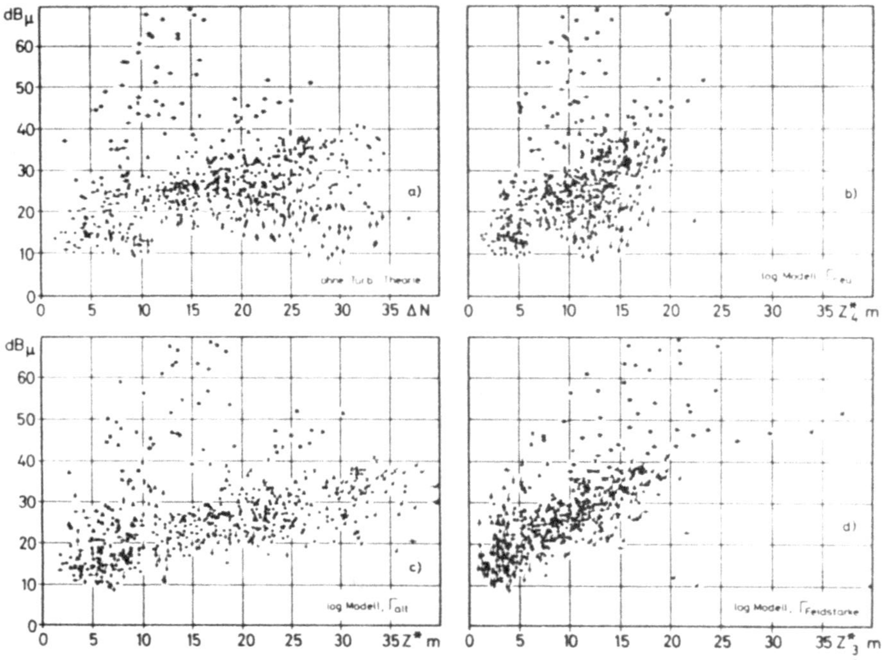

Fadingtypen: •A, ×B, ▲E $(-0.1 \leq Ri \leq 0)$ $Ri > 0$, $Ri < -0.1$, $\Delta N \geq 25$

Abb. 17 (I). Korrelation zwischen der 2GHz-Empfangsfeldstärke und der Brechungswertdifferenz ΔN sowie den Wellenleiterdicken Z_4^*, Z^*, Z_3^* (September 1962)

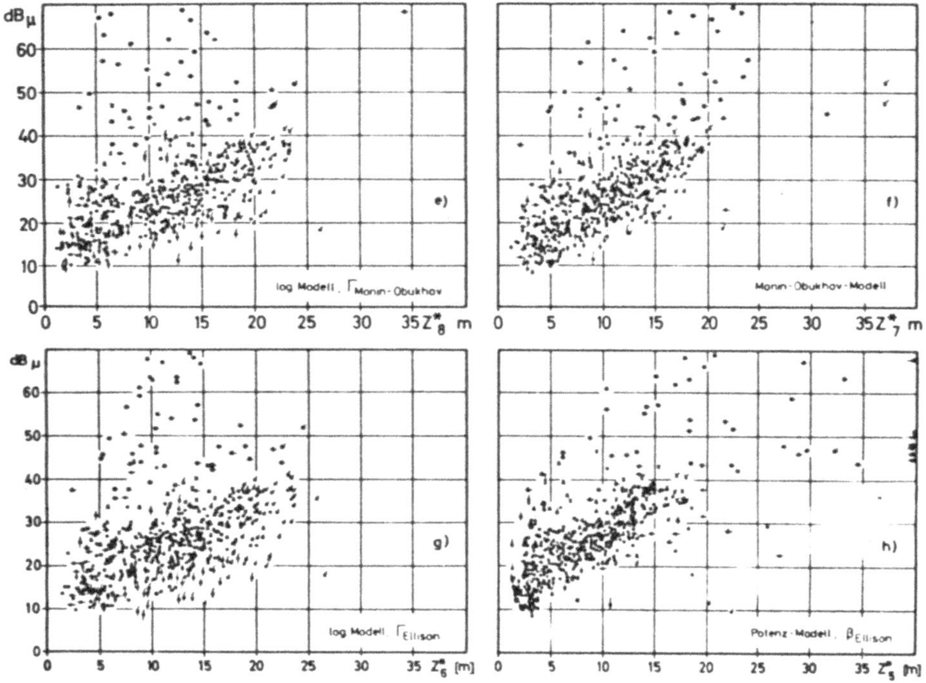

Fadingtypen: •A, ×B, ▲E (- 0.1 ≤ Ri ≤ 0) ‚ ‚ ‚ Ri > 0, ‚ ‚ ‚ Ri < - 0.1, ‚ ‚ ‚ ΔN ≥ 25

Abb. 17 (II). Korrelation zwischen der 2 GHz - Empfangsfeldstärke und den Wellenleiterdicken $Z_8^*, Z_7^*, Z_6^*, Z_5^*$ (September 1962)

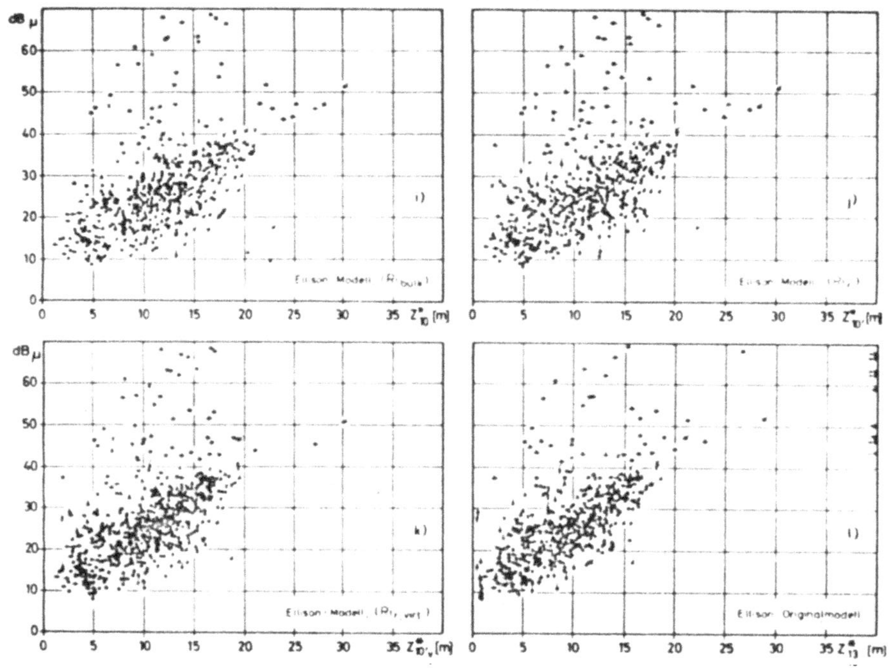

Fadingtypen •A, ×B, ▲E (-0.1 ≤ Ri ≤ 0) ◆✶▲Ri > 0, ◆◆◆Ri < -0.1, ◆×▲ ΔN ≥ 25

Abb. 17 (III). Korrelation zwischen der 2 GHz - Empfangsfeldstärke und den Wellenleiterdicken $Z^*_{10}, Z^*_{10'}, Z^*_{10'v}, Z^*_{13}$ (September 1962)

$-0{,}15 \leq Ri_{6m} \leq 0{,}03$ (548 Fälle).

B e i s p i e l 2 (adiabatisches Kollektiv)
Für den Zeitabschnitt November 1961 bis November 1962 wurden alle Beobachtungen der 7 GHz-Strecke mit Fadingtypen A und B, für die geringe Abweichungen vom adiabatischen Zustand (definiert durch $-0{,}2 \leq \Delta T \leq 0{,}1$) vorlagen, ausgewählt. Der Zusammenhang zwischen der Empfangsfeldstärke und ΔN ist durch einen hohen Korrelationskoeffizienten von o,76 gekennzeichnet, obwohl hier Beobachtungen aus verschiedenen Jahreszeiten zusammengefaßt sind.

B e i s p i e l 3 (August 196o, Januar-März 1961)
Die im vorhergehenden Abschnitt diskutierte Periode August 196o, Januar bis März 1961 kann ebenfalls als Beispiel für eine enge Korrelation zwischen der Feldstärke und ΔN angeführt werden. Die Verteilung der Stabilitätsverhältnisse zeigt, daß nur in etwa 15% aller Fälle die Richardson'sche Zahl (in 6 m) $< -0{,}1$ war. Von diesen 15% der Beobachtungen bei stärkerer Instabilität (meist winterliche Verhältnisse) waren nur 7% mit ΔN-Werten >25 verknüpft. Als Korrelationskoeffizient ergibt sich für die 7 GHz-Strecke o,82 und für die 2 GHz-Strecke o,72.

F o l g e r u n g
Man findet bei bestimmten meteorologischen Verhältnissen eine enge Korrelation zwischen der Empfangsfeldstärke und dem einfachen Parameter ΔN (Beispiele 1 a, 2, 3). Eine Korrelation mit der Wellenleiterdicke z^{*}_{4} (logarithmisches Profil, stabilitätsabhängiger Profilkoeffizient) bringt hier keine wesentlichen Verbesserungen. Für die genannten Beispiele ergeben sich mit der Wellenleiterdicke (z^{*}_{4}) die folgenden Korrelationskoeffizienten: Beispiel 1 a: o,83 (statt o,78); Beispiel 2: o,75 (statt o,76); Beispiel 3: o,84 (statt o,82) für die 7 GHz-Strecke und o,74 (statt o,72) für die 2 GHz-Strecke.

Die Anwendung der atmosphärischen Turbulenztheorie ist bei geringeren Abweichungen vom neutralen Gleichgewicht nicht erforderlich, in Übereinstimmung mit unseren theoretischen Vorstellungen. Bei neutraler Dichteschichtung gilt das logarithmische Modell exakt, d.h. zwischen der Wellenleiterdicke und ΔN besteht eine lineare Beziehung. Da der Profilkoeffizient Γ_{ad} (bzw. der Rauhigkeitsparameter) nach neueren Messungen für neutrale Dichteschichtung unabhängig von der Windgeschwindigkeit ist, entspricht ΔN bis auf einen konstanten Faktor ($\Gamma_{ad}/b_1 \approx 0{,}8$) also der maritimen Wellenleiterdicke. Im allgemeinen Fall jedoch reicht die Benutzung des einfachen Parameters ΔN nicht aus, wie das Beispiel 1 zeigte.

10.2. Verbesserung der Korrelation durch Einführung der maritimen Wellenleiterdicke z^*_4 (logarithmisches Profil)

Das im Beispiel 1 gegebene vollständige Kollektiv der mit den Fadingtypen A, B, E verknüpften Beobachtungen im September 1962, das typisch für Verhältnisse im Spätsommer und Herbst ist, zeigt deutlich die Grenzen, die sich bei Anwendung des einfachen Parameters ΔN ergeben. Es besteht praktisch kein Zusammenhang zwischen der Feldstärke (7 und 2 GHz) und ΔN. Die Korrelation verbessert sich merklich, wenn man statt der Brechungswertdifferenz ΔN die maritime Wellenleiterdicke einführt. Für die 7 GHz-Strecke ergibt sich ein Korrelationskoeffizient von 0,68 (statt 0,48) und für die 2 GHz-Strecke ein Wert von 0,39 (statt 0,11). Der Vergleich der Abbildungen 16 a und 16 b (7 GHz-Strecke) sowie 17 a und 17 b zeigt diese Verbesserungen besonders deutlich.

Auch im Winter findet man meistens die vom turbulenz-theoretischen Standpunkt her zu erwartenden Verbesserungen. Für den Monat Dezember 1962 stehen sich die folgenden Korrelationskoeffizienten gegenüber:

7 GHz: 0,45 (ΔN) und 0,62 (z^*_4); 2 GHz: 0,45 (ΔN) und 0,58 (z^*_4).

Weitere Analysen bestätigten eindeutig, daß sich bei Verwendung der maritimen Wellenleiterdicke z^*_4 im allgemeinen (d. h. bei Kollektiven mit unterschiedlichen atmosphärischen Stabilitätsverhältnissen) ein enger Zusammenhang mit der Empfangsfeldstärke ergibt (siehe auch Abbildungen 11 und 12). Die Korrelationskoeffizienten sind insbesondere wesentlich höher als bei Verwendung der Brechungswertdifferenz ΔN. Das heißt, eine Annäherung der Brechungsindexprofile durch das logarithmische Modell mit einem von der Stabilität abhängigen Profilkoeffizienten (Abbildung 6) ist in den meisten Fällen zur Erfassung des maritimen Wellenleiters und damit auch zur Deutung und Vorhersage von Ausbreitungsverhältnissen ausreichend.

10.3. Korrelation zwischen der Feldstärke und der Wellenleiterdicke z^*_4 bei stärkerer Instabilität

Es bleibt die Frage, ob die bisher benutzte Konzeption zur Berechnung der Ductdicke auch noch erfolgreich bei extrem meteorologischen Bedingungen, also bei starken Abweichungen vom neutralen Gleichgewicht, angewendet werden kann. Derartige Bedingungen kommen zwar im Untersuchungsgebiet (Deutsche Bucht) selten vor, können jedoch in anderen Seegebieten zu bestimmten Jahreszeiten bevorzugt auftreten.

Eine Unterteilung der Beziehung zwischen der Empfangsfeldstärke und der Wellenleiterdicke z^{*}_{4} nach der Stabilität (Ri_{6m}) und ΔN zeigt (siehe Abbildungen 16 b, 17 b), daß die starke Streuung einerseits durch sehr instabile Fälle (Ri.< -o,1) und andererseits durch einige stabile Situationen (meistens Schwundtyp B) verursacht wird. Die instabilen Fälle findet man vorwiegend am unteren rechten Rand der Punktwolke (d. h. im Bereich schlechter und mittlerer Empfangsverhältnisse scheint z^{*}_{4} zu groß zu sein), die stabilen Fälle vorwiegend am oberen linken Rand der Punktwolke (d. h. im Bereich guter Empfangsverhältnisse scheint z^{*}_{4} zu klein zu sein). Es fällt ferner auf, daß die herausfallenden instabilen Fälle mit großen ΔN-Werten verknüpft sind.

Dieser Befund ist für alle derartigen Zusammenhänge - insbesondere im Spätsommer und im Herbst - charakteristisch.

Die durchgeführten Untersuchungen machen deutlich, daß die bisher angewandte Methode der Ductberechnung bei stark labiler atmosphärischer Schichtung nicht zu befriedigenden Ergebnissen führt.

1o.4. Korrelation der Feldstärke mit der Wellenleiterdicke bei stabiler Schichtung

Bei stark stabiler Schichtung werden die Ausbreitungsverhältnisse im Meßgebiet nur selten vom maritimen Wellenleiter bestimmt. Meist spielen dann advektive Einflüsse eine Rolle, die zur Ausbildung von niedrig gelegenen Inversionen bzw. starken Bodeninversionen führen, gekoppelt mit dicken Advektionswellenleitern oder extremen Refraktionsschichtungen (k > 3). Die atmosphärische Schichtung läßt sich bei solchen Situationen nicht mit Hilfe von Bodenbeobachtungen ableiten.
Für größere Richardson'sche Zahlen (größer als eine kritische Ri-Zahl ≈ o,1) existiert außerdem bisher kein Modell, das die Profile in der Grenzschicht richtig beschreibt. Die Turbulenz im üblichen Sinne ist offenbar schon stark gedämpft und wird durch Trägheitsschwingungen ersetzt.

Doch auch schon für schwach stabile Situationen bewährt sich das logarithmische Modell mit den bisher benutzten Profilkoeffizienten nicht. Die Unterteilung der Beziehung zwischen der Wellenleiterdicke und der Feldstärke (Abbildungen 16 b, 17 b) nach der Stabilität zeigt deutlich ein Herausfallen der stabilen Fälle aus der Masse der Beobachtungen, derart, daß offenbar die abgeleiteten Wellenleiterdicken häufig zu klein sind.

Die Ausbreitungstheorie ergibt keine Differenzierung der Punktwolken nach der Stabilität, wenn das logarithmische Modell benutzt wird. Man erhält einen bestimmten Anstieg der Feldstärke mit der Wellenleiterdicke. Eine Änderung der Stabilität wirkt sich bei diesem Modell nur in der Dicke des Wellenleiters aus. Berechnungen der Feldstärke mit den von Booker gegebenen Potenzprofilen zeigen selbst bei sehr großen Änderungen des Exponenten nur minimale Unterschiede für die Zusammenhänge zwischen der Feldstärke und der Ductdicke. Die beobachteten starken Unterschiede müssen offenbar auf das bei der Berechnung der Ductdicke benutzte atmosphärische Modell zurückgeführt werden.

Vor der Diskussion anderer möglicher Profilformen in der maritimen Grenzschicht soll eine systematische Untersuchung des Stabilitätseinflusses auf die Beziehung zwischen Feldstärke und Wellenleiterdicke vorgenommen werden. Damit ist gleichzeitig die Ableitung eines Schichtungsfaktors - entsprechend dem Profilkoeffizienten - aus Feldstärkemessungen verbunden. Eventuell kann bei Benutzung dieses Faktors das logarithmische Modell formal weiter benutzt werden.

11. DIE ABLEITUNG EINES SCHICHTUNGSFAKTORS F AUS FELDSTÄRKEMESSUNGEN

11.1. Methode

Die Beziehung zwischen der Feldstärke und der Brechungswertdifferenz zeigt eine systematische Abhängigkeit von der Stabilität der Schichtung (siehe Abbildung 16 a). Bei Annahme logarithmischer Profile entspricht die Brechungswertdifferenz bis auf einen Faktor, der mit der Stabilität variiert, der Wellenleiterdicke. Wenn der theoretische Zusammenhang zwischen Feldstärke und Ductdicke für eine logarithmische Brechungsindexschichtung bekannt ist, kann durch eine Analyse der beobachteten Abweichungen von dieser geforderten Beziehung eine für die Stabilität der Schichtung charakteristische Maßzahl gefunden werden - entsprechend dem Profilkoeffizienten. Man stellt für einen gegebenen meteorologischen Zustand (ΔT, u) einfach fest, mit welchem Faktor F man die beobachtete Brechungswertdifferenz multiplizieren muß, damit der geforderte (theoretische) Zusammenhang zwischen der (gleichzeitig) beobachteten Feldstärke und der Ductdicke erfüllt wird. Wenn wir die Abweichung gegenüber einer "adiabatischen Ductdicke"

$$z^*_{ad} = \frac{\Gamma_{ad} \cdot \Delta N}{b_1} \qquad \text{(36 a)}$$

feststellen, erhält man eine Ductdicke, die wir mit z^*_3 bezeichnen:

$$z^*_3 = F\, z^*_{ad} = \frac{F \cdot \Gamma_{ad} \cdot \Delta N}{b_1} \qquad \text{(36 b)}$$

(Γ_{ad}: Profilkoeffizient bei neutralem Gleichgewicht).

Da Γ_{ad} bekannt ist, kann F · Γ_{ad} direkt mit dem aus meteorologischen Messungen abgeleiteten Profilkoeffizienten verglichen werden. Für den Schichtungsfaktor F gilt also: F = 1 im adiabatischen Fall, F < 1 im instabilen Fall und F > 1 im stabilen Fall, d.h. er entspricht dem Verhältnis des tatsächlichen Profilkoeffizienten zum adiabatischen Profilkoeffizienten ($F = \Gamma_x / \Gamma_{ad}$).

Da der theoretische Zusammenhang zwischen Feldstärke und Ductdicke bei logarithmischer Schichtung des Brechungsindex nicht vorliegt, wird die Abhängigkeit empirisch aus Beobachtungen bei neutralem Gleichgewicht gewonnen.
Dieses Verfahren hat außerdem den großen Vorteil, daß es frei von allen theoretischen Vereinfachungen ist. Eine theoretische Lösung ist bestenfalls unter einschränkenden Bedingungen möglich. Insbesondere wird bei allen bisherigen Lösungen der Ductausbreitung in der Atmosphäre die auftretende Energiezerstreuung infolge der Brechungsindexfluktuationen im Duct sowie der Inhomogenitäten seiner Ober- und Untergrenze nicht berücksichtigt.

Um den Faktor F mit dem meteorologisch gewonnenen Profilkoeffizienten vergleichen zu können, dürfen nur Situationen mit reiner Ductausbreitung zur Ableitung verwendet werden. Sonst stellt der Faktor nur einen mittleren Erfahrungswert dar, der lediglich für gewisse praktische Fragestellungen, z.B. bei der Vorhersage von Radarreichweitebedingungen, benutzt werden kann [81].

In einem ersten Versuch wurde die bei neutralem Gleichgewicht geltende Beziehung aus Messungen auf der 7 GHz-Strecke während der Periode 24.6.196o bis 31.8.1961 abgeleitet. Es wurden alle mit den Fadingtypen A, B, E verknüpften Beobachtungen benutzt. Der indifferente Zustand wurde definiert durch die Bedingung $-o,2 \leq \Delta T \leq o,1$.
Das 216 Werte umfassende Kollektiv war durch einen Korrelationskoeffizienten von o,73 gekennzeichnet. Als wahrer Zusammenhang zwischen Brechungswertdifferenz und Feldstärke wurde die durch Mittelung in Streifen parallel zur Abszisse gefundene Kurve benutzt, die sich eng der inversen Regressionsgeraden anschmiegt.
Der Faktor F wurde mit Hilfe dieses Zusammenhanges für die Monate August, September, Oktober und November 196o sowie März, April, Mai und Juni 1961 abgeleitet für alle Beobachtungen, die durch Fadingtypen A, B, E charakterisiert waren.
Es ergibt sich eine eindeutige Abhängigkeit des Schichtungsfaktors von der Stabilität der Schichtung, die durch ΔT, u bzw. Ri gekennzeichnet werden kann. Diese Abhängigkeiten entsprechen im Prinzip den aus meteorologischen Profilmessungen gewonnenen Ergebnissen. Doch werden auch charakteristische Abweichungen beobachtet.

11.2. Ergebnisse

11.2.1. Der Schichtungsfaktor als Funktion der Richardson'schen Zahl

Um die Gesetzmäßigkeiten bei der starken Streuung der Einzelwerte besser erkennen zu können, werden Gruppenmittelwerte betrachtet. In der Abbildung 18 sind die Mittelwerte des Schichtungsfaktors F als Funktion von Ri_b *) aufgetragen (offene Kreise). Es zeigt sich eine eindeutige Abhängigkeit. Der Schichtungsfaktor nähert sich bei starker Instabilität offenbar einem konstanten Wert, wächst mit zunehmender Stabilität an und erreicht bei stabiler Schichtung schnell große Werte.

Um einen Einblick in die Streuung der Einzelwerte zu bekommen, ist in der Abbildung 18 (oben links) ein Beispiel für die Abhängigkeit des Faktors F von der Temperaturdifferenz Luft-Wasser gegeben für Windgeschwindigkeiten zwischen 8 und 1o m/s; es sind alle Werte für die oben genannten Monate eingetragen. Man erkennt, daß die Streuung im stabilen Bereich beträchtlich wird.

11.2.2. Vergleich mit meteorologischen Messungen

Um einen unmittelbaren Vergleich mit dem aus meteorologischen Schichtungsmessungen gewonnenen Profilkoeffizienten zu erhalten, wurde in Abbildung 18 der mit o,1 multiplizierte Faktor F aufgetragen, so daß sich für Ri = o der Wert o,1 ergibt, was dem - aus Profilmessungen auf See abgeleiteten - adiabatischen Profilkoeffizienten für eine Bezugshöhe von 4 m entspricht. In der Nähe des adiabatischen Zustandes stimmt der Verlauf des Schichtungsfaktors dann gut mit dem des Profilkoeffizienten (geschlossene Kreise in Abbildung 18) überein. Charakteristische Unterschiede zeigen sich bei stärkerer Instabilität und insbesondere im Bereich stabiler Schichtung.

Für instabile Verhältnisse weicht der aus Feldstärkemessungen abgeleitete Schichtungsfaktor stärker vom adiabatischen Zustand ab als der Profilkoeffizient. Für Ri_b = -o,3 ist F um 6o% gegenüber dem adiabatischen Wert abgesunken, Γ jedoch nur um 4o%. Der Abfall des Faktors F mit zunehmender Instabilität verläuft stetig und dürfte gegen einen "Grenzwert", der etwa 7o% unter dem adiabatischen Wert liegt, gehen. Der Profilkoeffizient nimmt praktisch ab Ri_b = -o,o5 schon einen konstanten Wert an.

---

*) Ri_b stellt eine Näherungsform der Richardson'schen Zahl dar, siehe Gleichung 65 b.

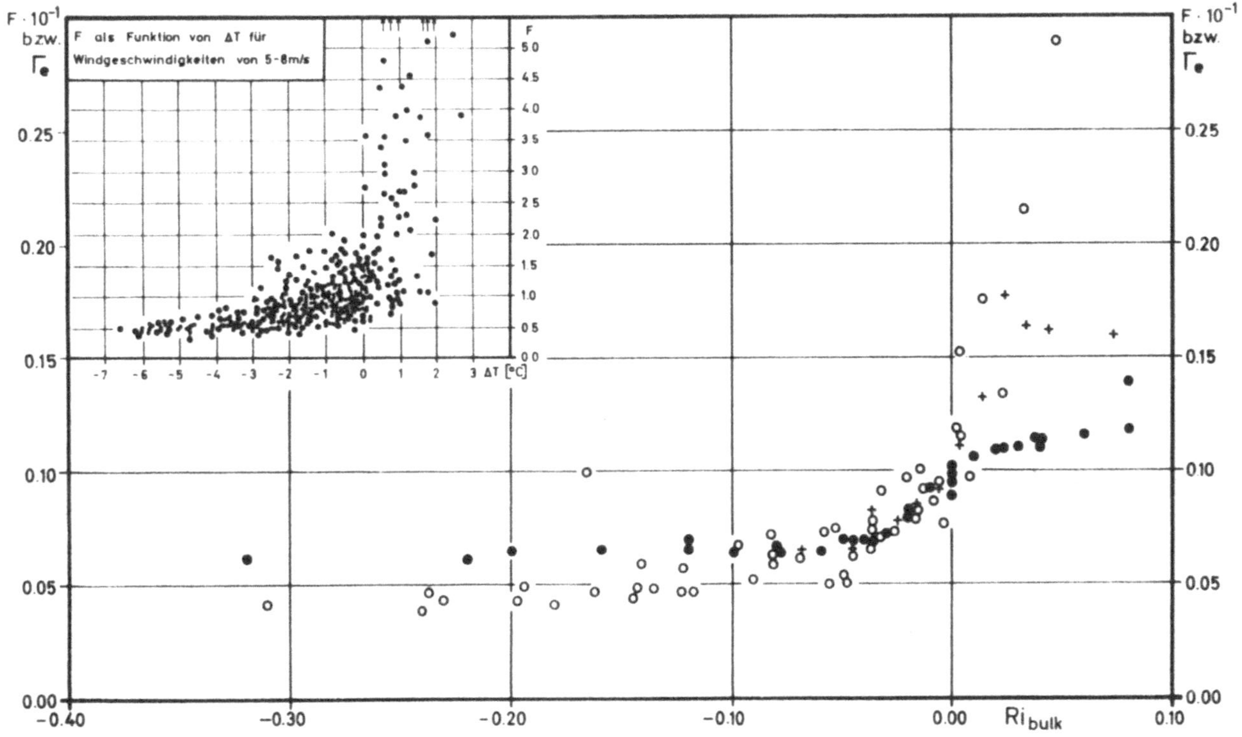

Abb.18. Profilkoeffizient Γ_e (•) und Schichtungsfaktor F (+, ∘) als Funktion von Ri_b

Die so gefundenen Differenzen deuten wir als Abweichungen der Profile vom logarithmischen Modell bei stärkerer Labilität. Der Profilkoeffizient ist dann höhenabhängig, und man kann nicht mit einem zwischen 1 und 1o m abgeleiteten Wert die Schichtungsverhältnisse über größere Höhenintervalle beschreiben. Die Empfangsfeldstärke hängt vom Profilverlauf über einen größeren Höhenbereich ab. Der abgeleitete Faktor F charakterisiert den jeweils effektiv wirksam werdenden Teil des Profils.

Besonders kraß sind die Unterschiede der Schichtungsparameter bei stabiler Schichtung. Der Faktor F steigt schon bei schwacher Stabilität zu extrem hohen Werten an. In diesem Bereich ist die Methode zur Ableitung von F jedoch mit Unsicherheiten behaftet.

Wenn F sehr große Werte annimmt, handelt es sich um Fälle, in denen die Feldstärke wesentlich höher liegt, als es der beobachtete ΔN-Wert vermuten läßt. Das ist aber auch der Fall, wenn durch andere Ausbreitungsmechanismen eine Empfangsfeldstärke hervorgerufen wird, die größer als der bei Ductausbreitung zu erwartende Wert ist.

Obwohl Einflüsse höherer Schichten bei Berücksichtigung der Fadingtypen A, B, E nicht völlig ausgeschaltet werden (E und gelegentlich B), handelt es sich - wie die nähere Analyse der extrem großen F-Werte bei stabiler Schichtung ergab - um Messungen in den Monaten März, April, Mai, die bei schwachem Feuchtegradienten mit dem Schwundtyp A verknüpft waren. Wie in Kapitel 9 ausgeführt, tritt hierbei eine Erhöhung der Feldstärke durch den Scattermechanismus ein.

Derartige Situationen werden auch bei leicht instabiler Schichtung in den erwähnten Monaten gefunden, überwiegend jedoch bei positiver Temperaturdifferenz Luft-Wasser.

Berücksichtigt man die Schwundtypen C und D bei Ableitung des Faktors F, so erhält man, insbesondere in den Sommermonaten, ebenfalls sehr große Werte, die dann auf Schichtbildungen oberhalb des maritimen Wellenleiters zurückzuführen sind.

Um Verfälschungen des Faktors F durch andere Mechanismen auszuschalten und seinen Verlauf in Abhängigkeit von der Stabilität besser mit den meteorologischen Messungen vergleichen zu können, wurde ein Spezialkollektiv stabiler (198) und einiger leicht instabiler Fälle (144) zusammengestellt, für die weitgehend gewährleistet ist, daß der maritime Wellenleiter die Ausbreitungsbedingungen steuerte. Es handelt sich um Messungen im August und September 1962 auf der Frequenz 7 GHz, bei denen die Schwundtypen A und B auftraten. Zu dieser Zeit wurden auch Untersuchungen über die Höhenabhängigkeit der Feldstärke durchgeführt, die ebenfalls zur Beurteilung des Ausbreitungsmechanismus herangezogen werden konnten. Ferner wurde darauf geachtet, daß die für Ductausbreitung charakteristische Wellenlängenabhängigkeit auftrat; es liefen Funkstrecken auf den Frequenzen 7 GHz, 2 GHz, 600 MHz und 160 MHz. Perioden, in denen die beobachtete Brechungswertdifferenz < 5 war, wurden ebenfalls nicht berücksichtigt. Das Ergebnis ist in Abbildung 18 (Kreuze +) enthalten. Man sieht, daß der Anstieg bei schwacher Stabilität sehr steil bleibt, der reduzierte Schichtungsfaktor (0,1 • F) aber in den Mittelwerten keine extrem hohen Werte erreicht. Im betrachteten Zeitabschnitt jedenfalls wird ein Mittelwert von F = 1,8 nicht überschritten; im Einzelfall können Werte bis etwa 4 auftreten. Für stärkere Stabilitäten (Ri_b > 0,08) wurden keine Messungen gefunden, die den geforderten Voraussetzungen einer reinen Ductausbreitung entsprachen.

Im stabilen Bereich bleiben also die z. T. erheblichen Unterschiede zwischen den beiden nach verschiedenen Methoden abgeleiteten Faktoren zur Charakterisierung der Schichtung (Profilkoeffizient Γ, Schichtungsfaktor F) erhalten. Die Ursache wird vermutlich auch hier in erster Linie in Abweichungen vom logarithmischen Modell zu suchen sein.

11.2.3. Korrelation zwischen der Feldstärke und der mit dem Schichtungsfaktor F berechneten Wellenleiterdicke

Für die Monate September und Dezember 1962 wurden mit Hilfe des Schichtungsfaktors F die Wellenleiterdicken z^*_3 (nach Gleichung 34) berechnet und mit den Empfangsfeldstärken der 7 und 2 GHz-Strecke korreliert. Diese Monate gehören nicht der Periode an, die zur Ableitung des Faktors benutzt wurde. Da die Ausbreitungsbedingungen auf der 2 GHz-Strecke ebenfalls häufig durch den maritimen Wellenleiter beeinflußt werden, ist zu erwarten, daß der aus Messungen auf der 7 GHz-Strecke gewonnene Faktor auch für die 2 GHz-Strecke mit Erfolg angewendet werden kann. Bei der Ableitung der mittleren Abhängigkeit des Faktors F von der Richardson'schen Zahl wurde für Ri_b-Werte > 0,08 ein konstanter F-Wert von 3 gesetzt.
Die entsprechenden Zusammenhänge der 7 und 2 GHz-Feldstärke mit der Wellenleiterdicke z^*_3 sind in den Abbildungen 16 d und 17 d (siehe Seite 85 bzw. 88) dargestellt.
Als Korrelationskoeffizienten erhält man

im September 1962 0,81 für 7 GHz und 0,71 für 2 GHz,
im Dezember 1962 0,67 für 7 GHz und 0,56 für 2 GHz.

Die Ergebnisse sind für die 7 GHz-Strecke sowohl im September als auch im Dezember z. T. erheblich besser als die Korrelationen mit z^*_4 (siehe Seite 92). Für die 2 GHz-Strecke ergibt sich im September eine sehr starke Verbesserung gegenüber Korrelationen mit z_4^*, im Winter tritt jedoch keine signifikante Änderung des Zusammenhanges ein.

Wie weitere Versuche zeigten, werden bei Benutzung des Faktors F im allgemeinen immer recht gute Resultate erzielt. Während für die 7 GHz-Strecke offenbar immer bessere Korrelationen als mit der Wellenleiterdicke z_4^* erzielt werden, ergeben sich für die 2 GHz-Strecke nur im Sommer und Herbst - dann jedoch sehr starke - Verbesserungen des Zusammenhanges. Im Sommer dominieren beim Auftreten der Fadingtypen A und B die Fälle mit reiner Ductausbreitung; sehr kleine Feldstärkepegel sind selten. Im Winter - bei schlechten Empfangsbedingungen und oft schwach stabiler Schichtung - ist auf der 7 GHz-Strecke häufig mit einem Scattermechanismus zu rechnen. Diese Einflüsse sind z. T. implizit im Faktor F enthalten. Da der Scattermechanismus auf der 2 GHz-Strecke aber nicht die gleiche Rolle spielt, ergeben die mit F berechneten Wellenleiterdicken insbesondere für diese Strecke zu hohe Werte, was zu einer sehr starken Streuung der Kollektive führt.

Bei einer Ableitung dieses Faktors aus großen Kollektiven sollte man eine Trennung nach Winter- und Sommerverhältnissen vornehmen, da beim Auftreten der Schwundtypen A oder B vorwiegend im Winter zusätzliche Ausbreitungsmechanismen den Faktor F beeinflussen, die für andere Strecken bzw. für die 7 GHz-Strecke im Sommer nicht gelten.

11.3. Abschließende Bemerkungen zur Ableitung eines Schichtungsfaktors aus Feldstärkemessungen über See

Es wurde gezeigt, daß man mit Hilfe radio-meteorologischer Methoden systematisch die Schichtungsverhältnisse in der maritimen Grenzschicht untersuchen kann. Insbesondere ergaben sich bei der praktischen Anwendung gute Erfolge mit dem aus Feldstärkeregistrierungen abgeleiteten Schichtungsfaktor F. Bei einer Erweiterung der bisher vorliegenden ersten Ergebnisse sollten die folgenden Punkte, die zu einer Verbesserung der Methode beitragen, beachtet werden.

11.3.1. Berücksichtigung des Wasserdampfes bei Bestimmung der neutralen Dichteschichtung

Nur bei neutraler Dichteschichtung sind logarithmische Profile theoretisch exakt begründet. Dieser Zustand, bei dem keine zusätzlichen Beschleunigungen bei Vertikalbewegungen auftreten, ist nur in einer trockenen Atmosphäre bzw. einer Atmosphäre mit konstanter spezifischer Feuchte identisch mit einer adiabatisch geschichteten Luftsäule. Ist ein vertikaler Gradient der spezifischen Feuchte vorhanden, so ist die Tatsache zu berücksichtigen, daß Wasserdampf leichter als Luft ist. Es muß deshalb statt der Temperaturdifferenz Luft-Wasser (ΔT) die virtuelle Temperaturdifferenz ΔT_v oder besser die virtuell-potentielle Temperaturdifferenz $\Delta\Theta_v$ bei Bestimmung der Dichteschichtung verwendet werden. Bei der obigen Ableitung wurde das neutrale Gleichgewicht definiert durch: $-0,2 \leq \Delta T \leq 0,1$. Doch auch bei Benutzung einer entsprechenden Vorschrift für ΔT_v können bei geringer Windgeschwindigkeit beträchtliche Abweichungen vom neutralen Gleichgewicht auftreten. Es sollte deshalb künftig eine Einteilung nach der Ri-Zahl unter Berücksichtigung der virtuellen Temperaturdifferenz vorgenommen werden.

Um einen Einblick in die auftretenden Unterschiede zwischen der aktuellen Temperaturdifferenz ΔT und der virtuellen Temperaturdifferenz ΔT_v zu bekommen, seien einige Erläuterungen gegeben. Es zeigt sich, daß es zu sehr starken Unterschieden kommt, die insbesondere dann nicht mehr außeracht gelassen werden dürfen, wenn Messungen bei unterschiedlichen Temperaturen und relativen Feuchten, also z.B. Messungen in verschiedenen Jahreszeiten, zusammengefaßt werden. In Tabelle 15a sind die Virtuellzuschläge (T_v - T) für verschiedene Temperaturen und relative Feuchten (Sättigungswerte nach den Smithonian Tables [82]) bei p = 1ooo mb angegeben.

Tabelle 15a: Virtuellzuschläge (T_v - T)

T \ U%:	1oo%	9o%	8o%	7o%	6o%	5o%
- 5°C	o,43	o,39	o,34	o,3o	o,26	o,22°C
o	o,64	o,58	o,51	o,45	o,38	o,32
5	o,92	o,83	o,74	o,64	o,55	o,46
1o	1,32	1,19	1,o6	o,92	o,79	o,66
15	1,87	1,68	1,5o	1,31	1,12	o,93
2o	2,62	2,36	2,1o	1,83	1,58	1,31
25	3,62	3,26	2,9o	2,54	2,17	1,82

Die Luft unmittelbar an der Wasseroberfläche ist praktisch gesättigt, diejenige in 6 m Höhe besitzt jedoch sehr häufig relative Feuchtigkeiten von < 8o% bzw. sogar < 6o%. Aus Tabelle 15 a können wir die auftretenden zusätzlichen virtuellen Unterschiede $(T_v - T)_{x\%} - (T_v - T)_{100\%}$ ableiten (siehe Tabelle 15b):

Tabelle 15b: Unterschiede der Virtuellzuschläge

T \ U%:	100-90%	100-80%	100-70%	100-60%	100-50%
- 5°C	-0,04	-0,09	-0,13	-0,17	-0,21°C
0	-0,06	-0,13	-0,19	-0,26	-0,32
5	-0,09	-0,18	-0,28	-0,37	-0,46
10	-0,13	-0,26	-0,40	-0,53	-0,66
15	-0,19	-0,37	-0,56	-0,75	-0,94
20	-0,26	-0,52	-0,79	-1,04	-1,31
25	-0,36	-0,72	-1,08	-1,45	-1,80

Die Schichtungsverhältnisse sind also in Wirklichkeit "instabiler" als es die gemessene Differenz ΔT anzeigt. Insbesondere im Sommer können so erhebliche Korrekturen notwendig werden, wie die Häufigkeitsverteilungen der relativen Feuchte und der Lufttemperatur für die Monate August 1960, März 1961, September 1962 und Dezember 1962 zeigen (Tabelle 16).

Der Effekt einer evtl. vorhandenen Oberflächenabkühlung infolge von Verdunstung und Wärmeaustausch [83] wirkt in umgekehrter Richtung. Jedoch dürfte dieser Einfluß nicht so stark sein wie derjenige der vertikalen Wasserdampfschichtung.

Tabelle 16: Häufigkeitsverteilung der Lufttemperatur und der relativen Luftfeuchtigkeit am Feuerschiff Elbe 1

T [°C] \ f%:	50%	50-60%	60-70%	70-80%	80-90%	90-95%	95-100%
			a) August 1960				
10-15°			1	7	31	4	4 Fälle
15-20°		2	41	130	177	98	50 "
			b) September 1962				
5-10°					1	2	3 "
10-15°		18	118	192	152	49	10 "
15-20°		1	7	36	100	36	"
			c) März 1962				
0- 5°		5	14	21	18	28	17 "
5-10°			1	24	69	137	68 "
10-15°			1				"
			d) Dezember 1962				
- 5- 0°		1	6	37	45	26	10 "
0- 5°	2	7	18	27	30	35	21 "
5-10°		2	13	33	38	25	9 "

11.3.2. Mehrdeutigkeit der Schwundanalyse bei Bestimmung der Ausbreitungsmechanismen

Es ist nicht sicher, ob in Perioden mit den Schwundtypen A, B, E tatsächlich stets reine Ductausbreitung vorliegt. Bei geringem Feldstärkeniveau kann ein Scattereinfluß wirksam werden, bei höheren Feldstärkewerten - insbesondere bei den Schwundtypen E und auch B - können sich zusätzlich Einflüsse höherer Schichten auswirken. Die Unsicherheit bei geringem Feldstärkeniveau (Schwundtyp A) kann durch eine statistische Trennung des Empfangsfeldes in einen konstanten und in einen fluktuierenden Anteil (siehe Abschnitt 9.4.3.) weitgehend ausgeschaltet werden. Einflüsse höherer Schichten werden stark eingeschränkt, wenn man nur Zeitabschnitte benutzt, in denen die Schwundtypen A und B sowohl auf der 7 GHz- als auch auf der 2 GHz-Strecke auftreten. Ferner können die charakteristischen Merkmale der Ductausbreitung (Wellenlängenabhängigkeit, Höhenabhängigkeit) zur Beurteilung der Situation herangezogen werden.

11.3.3. Instationäre Fälle, horizontale Inhomogenitäten

Instationäre Zustände, z.B. Durchgänge durch den neutralen Gleichgewichtszustand bei Umstellungen der Schichtungsverhältnisse wie im Verlaufe eines Tages oder bei Frontdurchgängen sollten bei Ableitung des Schichtungsfaktors F ebenfalls ausgeschlossen werden. Die Streuung der Feldstärke kann in diesen Situationen besonders groß werden, insbesondere, da Stundenmedianwerte der Feldstärke mit momentanen meteorologischen Messungen verglichen werden. Besondere Vorsicht ist bei geringer Windgeschwindigkeit notwendig, da es dann häufig zu horizontalen Inhomogenitäten der Brechungsindexverteilung längs der Funkstrecke kommt.

12. ALTERNATIVEN ZUM LOGARITHMISCHEN MODELL

12.1. Vorbemerkungen

Eine nähere Analyse der beobachteten Abhängigkeit zwischen der Empfangsfeldstärke und der Wellenleiterdicke z^{*}_{4} ließ erkennen, daß bei stärkeren Abweichungen der atmosphärischen Schichtung vom neutralen Gleichgewicht der Zusammenhang zusehends schlechter wurde. Insbesondere zeigte auch der aus Feldstärkemessungen abgeleitete Schichtungsfaktor charakteristische Abweichungen vom Profilkoeffizienten im Bereich der freien Konvektion sowie bei stabiler Schichtung.
Offenbar genügt in diesen Fällen die logarithmische Annäherung des Brechungsindexprofils nicht mehr. Die durchgeführten meteorologischen Schichtungsmessungen hatten die

Gültigkeit dieser Näherung im wesentlichen nur für das Höhenintervall zwischen 1 und 10 m bestätigt, wobei Abweichungen vom logarithmischen Modell in Form von leichten Profilkrümmungen sich bereits angedeutet hatten. Aus anderen Turbulenzuntersuchungen ist ebenfalls seit langem bekannt, daß bei freier Konvektion und bei stabiler Schichtung keine logarithmischen Profile gültig sind.

Um die bei diabatischer Schichtung auftretenden Profilformen zu beschreiben, wurden in der Turbulenzforschung zwei Wege beschritten. Einerseits führt die Analyse von beobachteten Vertikalprofilen zur Annahme von Potenzansätzen, wobei der Exponent in charakteristischer Weise von der Stabilität der Schichtung abhängt, andererseits werden die für neutrale Schichtung geltenden Gesetze auf Grund von Ähnlichkeitsbetrachtungen durch Einführung einer Stabilitätsfunktion für diabatische Schichtungsverhältnisse erweitert. Während im ersten Falle die neuen Modelle rein empirisch abgeleitet wurden, liegen im zweiten Fall theoretische Vorstellungen zugrunde.

12.2. Potenzprofile

Wie von Laikhtman [84], Brocks [85] und Deacon [86] gezeigt wurde, eignen sich als zweite Näherung zur Bestimmung der Höhenfunktionen austauschbarer Eigenschaften in der Grenzschicht Potenzansätze, die man in folgender Form schreiben kann [64]:

$$\frac{\partial i}{\partial z} = \left(\frac{\partial i}{\partial z}\right)_1 \left(\frac{z + z_0}{z_1 + z_0}\right)^{-ß} \qquad (37)$$

Dabei ist:

i : Austauschbare Eigenschaft

z_1 : Bezugsniveau (Wasserabstand [m])

z_0 : Rauhigkeitsparameter [m]

ß : Deacon-Zahl, > 1 instabile / = 1 neutrale / < 1 stabile } Schichtung

Der Exponent ß hängt - wie Deacon zuerst zeigte - in eindeutiger Weise von der Richardson'schen Zahl ab. Er stellt eine *relative Krümmung* des Profils dar und kann allgemein durch die logarithmische Ableitung des Gradienten nach der Höhe definiert werden:

$$ß = -\partial \log i' / \partial \log z = -\frac{\partial^2 i/\partial \log z^2}{\partial i/\partial z} = -z\,\frac{\partial^2 i/\partial z^2}{\partial i/\partial z} \qquad (38)$$

(i' ist die Ableitung der Eigenschaft i nach der Höhe).

Betrachtet man den *relativen Gradienten* einer Eigenschaft, so erhält man den

Exponenten m [87]:

(39) $$m = \partial \log i / \partial \log z = \frac{1}{i} \frac{\partial i}{\partial \log z} = \frac{z}{i} \frac{\partial i}{\partial z}$$

des einfachen Potenzansatzes, der für ein von der Höhe unabhängiges m lautet:

(40) $$i = i_1 (z/z_1)^m .$$

Insbesondere im Falle der Windgeschwindigkeit (bzw. allgemein bei entsprechender Definition der Eigenschaft als Differenz zum Bodenwert $i - i_o$) ist m identisch mit dem Profilkoeffizienten Γ. Die Benutzung eines logarithmischen Modells mit einem von der Stabilität abhängigen Profilkoeffizienten entspricht also im wesentlichen der Anwendung des einfachen Potenzgesetzes mit variablem m (= f(Ri)).
Der Zusammenhang beider Exponenten ist (mit Gleichung 39 und Gleichung 38) gegeben durch [87]:

(41 a) $$\beta = 1 - m - \partial \log m / \partial \log z$$

Mit einem höhenkonstanten m ist:

(41 b) $$\beta = 1 - m .$$

ß (wie auch m) ist im allgemeinen abhängig von der Höhe. Bei Annahme eines konstanten ß kann der Potenzansatz (Gleichung 37) nur als Interpolationsformel für nicht zu große Höhenintervalle angesehen werden.

Die Ableitung von Zusammenhängen zwischen ß und der Richardson'schen Zahl aus gemessenen Profilen ist wegen der relativ starken Streuung der Meßwerte schwierig. Es liegen nur sehr wenige derartige Kollektive vor (Deacon [86], Craig [siehe 88]), was eine praktische Anwendung dieser Profilform - insbesondere auch zur Berechnung der maritimen Wellenleiterdicke - verhindert.

Profilkoeffizienten

Nimmt man ein von der Höhe unabhängiges ß an, so erhält man durch Integration der Gleichung 37 zwischen der Oberfläche und einer Referenzhöhe $z = z_1$ die Differenz Δi_1, womit sich eine für die Anwendung günstige Form ergibt, da sich die Differenzen leicht messen lassen:

(42) $$\frac{\partial i}{\partial z} = \frac{1 - \beta}{(z_1 + z_o)^{1-\beta} - z_o^{1-\beta}} \frac{\Delta i_1}{(z + z_o)^{\beta}}$$

Die Potenzprofile sind praktisch schwerer zu handhaben als die logarithmischen Ansätze, da neben ß auch noch z_o als variabler Parameter eingeht. Doch für die speziellen Probleme auf See ergibt sich hier eine wesentliche Vereinfachung. Der Rauhigkeitsparameter, der aus Schichtungsmessungen im adiabatischen Fall abgeleitet wer-

den kann, war für den erfaßten Bereich der Windgeschwindigkeiten bis etwa 15 m/sec praktisch konstant (z_o = o,o18 cm), womit das erste Glied der Gleichung 42 für eine bestimmte Bezugshöhe einen nur von ß abhängigen Faktor darstellt.
Zur weiteren Charakterisierung der Profilform kann man den Profilkoeffizienten in einer bestimmten Höhe bzw. mittlere Profilkoeffizienten für verschiedene Höhenintervalle ableiten. Da der Profilkoeffizient definiert ist durch

$$\Gamma = \frac{z}{\Delta i} \; \frac{\partial i}{\partial z}$$

ergibt sich aus Gleichung 42 (bei bekanntem z_o) der Profilkoeffizient für die Höhe z zu:

$$\Gamma = \frac{(1-ß)\;(z+z_o)^{1-ß}}{(z_1+z_o)^{1-ß} - z_o^{1-ß}} \qquad (43\,a)$$

Bei logarithmischer Annäherung des Potenzprofils im nicht-adiabatischen Fall erhält man mit diesem Wert diejenige logarithmische Höhenfunktion, die im Niveau z mit dem vorgegebenen Potenzprofil zusammenfällt. Aufschlußreich sind auch mittlere Profilkoeffizienten für bestimmte Höhenintervalle. Hierzu ist Gleichung 43 a zwischen den gewünschten Höhen zu integrieren; als Mittelwert ergibt sich:

$$\bar{\Gamma}\Big|_b^a = \frac{1}{z_b - z_a} \int_{z_a}^{z_b} \Gamma \, dz = \frac{1}{z_b - z_a} \; \frac{1-ß}{2-ß} \; \frac{(z_b+z_o)^{2-ß} - (z_a+z_o)^{2-ß}}{(z_1+z_o)^{1-ß} - z_o^{1-ß}} \qquad (43\,b)$$

In Abbildung 19 a (folgende Seite) ist der Profilkoeffizient im Bezugsniveau z_1 = 6 m und in der Höhe z = 2o m sowie für Höhenintervalle zwischen o,1 bis 1o m, o,1 bis 35 m, 1 bis 1o m als Funktion von ß dargestellt. Man gewinnt so einen Einblick in die Höhenabhängigkeit des Profilkoeffizienten und damit in die Unterschiede zum logarithmischen Modell. Insbesondere im Fall stabiler Schichtung (ß < 1) ist der Profilkoeffizient stark höhenabhängig und wächst schnell zu sehr großen Werten an. Es ist daher nicht verwunderlich, wenn die logarithmische Annäherung der Profile mit einem zwischen 1 und 1o m gewonnenen Profilkoeffizienten für diesen Stabilitätsbereich zu falschen Ergebnissen führt. Bei instabiler Schichtung sind die Unterschiede der für verschiedene Höhenintervalle geltenden Profilkoeffizienten nicht sehr groß.

Wellenleiterdicke

Aus Gleichung 42 kann man die maritime Wellenleiterdicke (die wir mit z_5^* bezeichnen) gewinnen, wenn für Δi_1 die Differenz des potentiellen Brechungsindex $\Delta N_{p,1}$ und für $\partial i/\partial z$ der kritische Gradient des potentiellen Brechungsindex b_1 eingeführt wird:

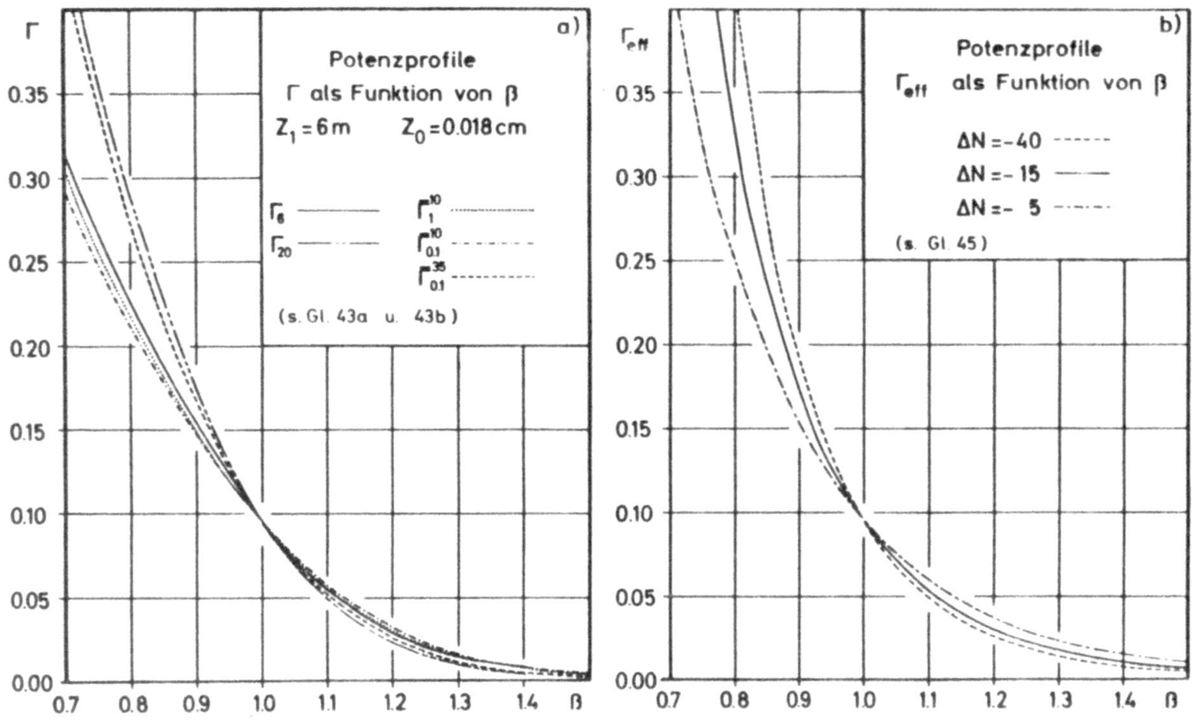

Abb.19a,b. Profilkoeffizienten nach dem Potenzmodell

$$(44)\qquad z^*_5 = \left[\frac{(1-\beta)\Delta N_p}{b_1\,\{(z_1+z_o)^{1-\beta} - z_o^{1-\beta}\}}\right]^{1/\beta} = \left[\frac{1-\beta}{z_1^{1-\beta} - z_o^{1-\beta}}\right]^{1/\beta} \cdot \left[\frac{\Delta N_p}{b_1}\right]^{1/\beta}$$

Die Wellenleiterdicke ist nicht mehr direkt proportional ΔN. Die erste Klammer stellt für ein bestimmtes ß eine Konstante dar und ist in Abbildung 2o a als Funktion von ß (Bezugsniveau z_1 = 6 m) wiedergegeben für verschiedene Rauhigkeitsparameter: z_o: o,oo15 cm ("hydrodynamisch glatte" Oberfläche), z_o: o,o18 cm (der von uns benutzte Wert), z_o: o,6 cm (rauhe Oberfläche nach Rossby und Sverdrup).
Der erste und letzte Wert wurde von Anderson und Gossard [88, 89] bei früheren Untersuchungen des Ducteinflusses auf die Ausbreitungsbedingungen zur Berechnung der Wellenleiterdicke (nach Potenzprofilen) benutzt. Dabei wurde der Übergang von einer "glatten" zu einer "rauhen" Meeresoberfläche sprunghaft bei einer Windgeschwindigkeit von etwa 8 m/sec angenommen. Diese Annahme ist heute nicht mehr haltbar. Eine leichte Änderung von z_o mit der Windgeschwindigkeit kann jedoch nicht ganz ausgeschlossen werden. Die Abbildung 2o a zeigt, welch große Unterschiede sich in der Wellenleiterdicke ergeben können, wenn sich z_o von o,oo15 auf o,6 cm ändert; bei nahezu adiabatischen Verhältnissen tritt eine Erhöhung der Wellenleiterdicke um 22o% ein.

Effektive Profilkoeffizienten

Leitet man aus den Wellenleiterdicken, die mit Hilfe von Potenzprofilen berechnet wurden (als Funktion von ΔN und ß in Abbildung 2o b, Seite 1o9, dargestellt), einen effektiven Profilkoeffizienten ab, definiert durch

$$(45)\qquad \Gamma_{eff} = \frac{z^*_5\; b_1}{\Delta N_p} ,$$

so zeigt sich (Abbildung 19 b, Seite 1o7) eine ΔN-Abhängigkeit des Profilkoeffizienten und zwar ist bei gleichem ß im Bereich überadiabatischer Schichtung Γ_{eff} umso kleiner, je größer ΔN ist; bei unteradiabatischer Schichtung ist es umgekehrt. Bei größeren Ductdicken (d.h. größeren ΔN-Werten bei gleichem ß) sind für die Bestimmung der Dicke des Wellenleiters die Gradienten über ein größeres Höhenintervall ausschlaggebend. Mit zunehmender Höhe nimmt aber der Profilkoeffizient bei instabiler Schichtung ab, bei stabiler Schichtung zu. Im instabilen Bereich handelt es sich bei dieser Profilform jedoch nur um eine relativ geringe ΔN-Abhängigkeit. Hierdurch ist ein weiterer wesentlicher Unterschied gegenüber dem logarithmischen Modell gegeben, das keine derartige ΔN-Abhängigkeit des Profilkoeffizienten aufweist.

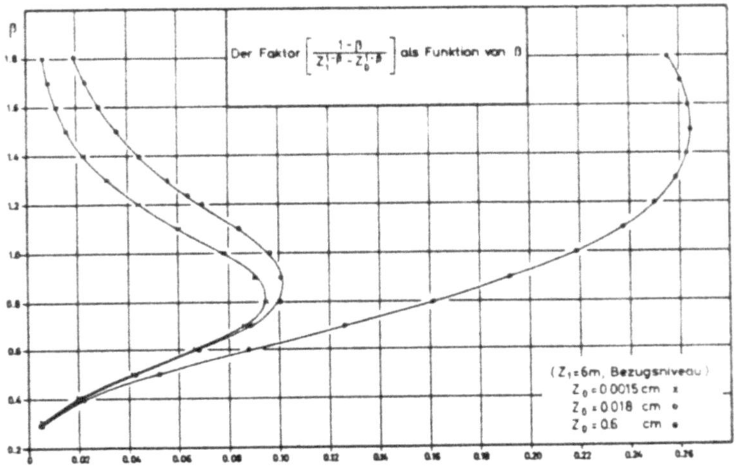

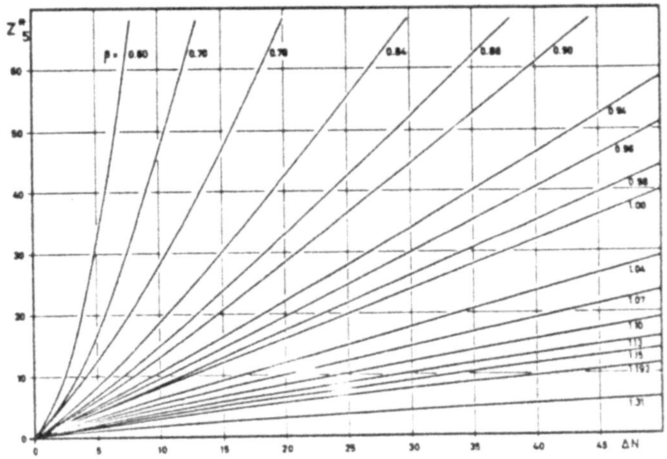

Abb 20b. Die Wellenleiterdicke (Z_S^*) als Funktion der Brechungswertdifferenz (ΔN) und des Exponenten β im Potenzprofil

Der mittlere Gradient des modifizierten Brechungsindex im Duct

Die Empfangsfeldstärke hängt nicht nur von der Dicke des Wellenleiters ab, sondern auch von der Profilform bzw. dem Gradienten, insbesondere im Duct. Als Maß hierfür sei der mittlere Gradient für das Höhenintervall z = o,5 m bis zur jeweiligen Ductobergrenze berechnet. Diese Werte könnten z. B. bei einer Annäherung der Höhenabhängigkeit des Brechungsindex durch bi-lineare Profile benutzt werden. Die mittleren Gradienten oberhalb des Duct lassen sich ebenfalls (bis in nicht zu große Höhen) auf der Grundlage des Potenzprofils berechnen.
Den mittleren Gradienten des potentiellen Brechungswertes erhält man durch Integration der Gleichung 42:

$$(46\text{ a})\qquad \frac{\partial \overline{N}_p}{\partial z} = \frac{1}{z_b - z_a} \int_a^b \frac{\partial N_p}{\partial z}\, dz = \frac{\Delta N_p \left(z_b^{1-ß} - z_a^{1-ß}\right)}{(z_b - z_a)\left(z_1^{1-ß} - z_o^{1-ß}\right)}$$

In Abbildung 21 a ist der mittlere Gradient des modifizierten Brechungsindex ($\partial M/\partial z = \partial N_p/\partial z - b_1$) zwischen o,5 m und der jeweiligen Ductobergrenze als Funktion von $z^{\bullet}_5$ für verschiedene Deacon-Zahlen dargestellt. Bei gleichem $z^{\bullet}_5$ ist der mittlere Gradient umso stärker, je instabiler die Schichtungsverhältnisse sind.

Im Grenzfall logarithmischer Schichtung erhält man den entsprechenden mittleren Gradienten [9] durch Integration der Gleichung:

$$\frac{\partial N_p}{\partial z} = \frac{\Gamma_1\, \Delta N_p}{b_1} \qquad \text{zu}$$

$$(46\text{ b})\qquad \frac{\partial \overline{N}_p}{\partial z} = \frac{\Gamma_1\, \Delta N_p}{z_b - z_a} \ln \frac{z_b}{z_a} = \frac{b_1\, z^{\bullet}}{z_b - z_a} \ln \frac{z_b}{z_a}$$

In diesem Fall hängt der mittlere Gradient praktisch nur von der Ductdicke ab; es ist gleichgültig, mit welchem Gewicht die Brechungswertdifferenz und der stabilitätsabhängige Profilkoeffizient in die Gleichung eingehen. Bei gleichem ΔN äußert sich eine Stabilitätsänderung in einer Änderung der Ductdicke. Der Einfluß der Stabilität kann nicht von dem der Brechungswertdifferenz ΔN unterschieden werden. Ausschlaggebend ist allein die Neigung $\Gamma \cdot \Delta N$ des Profils (im halblogarithmischen Koordinatensystem).

Das Potenzprofil bietet uns jedoch die Möglichkeit, eine Stabilitätsabhängigkeit der Beziehung zwischen der Empfangsfeldstärke und der Wellenleiterdicke zu untersuchen. Es ist deshalb auch von dieser Sicht her eine bessere Näherung als das logarithmische

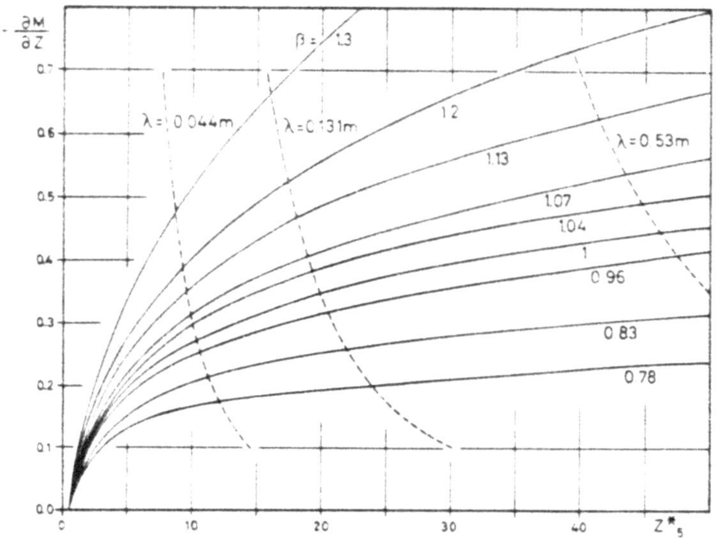

Abb. 21a Der mittlere Gradient des modifizierten Brechungsindex zwischen 0.5 m und der Obergrenze des Wellenleiters als Funktion der Wellenleiterdicke (bei Annahme von Potenzprofilen) ------ Kritische Wellenleiterdicke für verschiedene Wellenlängen.

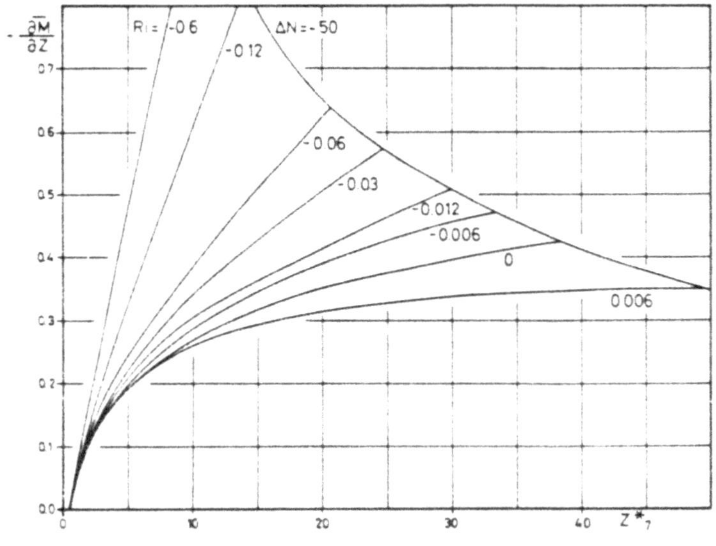

Abb. 21b. Der mittlere Gradient des modifizierten Brechungsindex zwischen 0.5m und der Obergrenze des Wellenleiters als Funktion der Wellenleiterdicke (nach Monin-Obukhov).

Modell.

12.3. Diabatische Ansätze durch Einführung einer Stabilitätsfunktion [66-68, 58, 7]

12.3.1. Definition der verschiedenen Profilformen

Grundlegende Beziehungen

Der bei neutralem Gleichgewicht geltende Zusammenhang zwischen dem Vertikalstrom einer austauschbaren Eigenschaft und ihrem Gradienten (siehe Gleichung 24 b) wird für diabatische Verhältnisse im allgemeinen durch Multiplikation mit einer Stabilitätsfunktion f (ξ) erweitert.

$$(47) \qquad \frac{\partial i}{\partial z} = \frac{S_i/Q}{u_*} \frac{1}{k\,(z+z_o)} f(\xi)$$

(Bedeutung der Symbole s. Gleichungen 24, 25). ξ stellt einen Stabilitätsparameter dar; die Funktion f ist zunächst noch unbestimmt. Monin und Obukhov führten als Stabilitätsparameter eine Skalenlänge der Turbulenz L ein, die, wie die Schubspannungsgeschwindigkeit und der Rauhigkeitsparameter, in der Grenzschicht unabhängig von der Höhe sein soll:

$$(48) \qquad L = \frac{u_*^3\, c_p\, Q\, T}{k\, g\, W}, \qquad (W:\ \text{Wärmestrom});$$

L gibt ungefähr die Dicke der Schicht an, in welcher der Zustand noch adiabatisch angenähert werden kann, in der also die dynamische Turbulenz vorherrscht. Der Zusammenhang mit der Richardson'schen Zahl ist gegeben durch:

$$(49) \qquad L = \frac{u_*}{k} / \frac{\partial u}{\partial z}\ Rf\ ,$$

wobei Rf die Flußform der Richardson'schen Zahl darstellt, die mit der Gradientform der Richardson'schen Zahl in enger Beziehung steht:

$$(50) \qquad Ri = \frac{K_m}{K_h}\ Rf\ .$$

K_m und K_h stellen die Transportkoeffizienten für Impuls und Wärme dar.

Wenn der vertikale Wärmestrom nicht bekannt ist, kann man definieren

$$(51\,a) \qquad L' = \frac{u_* \, (\partial u/\partial z) \; T}{k \; g \; \partial\Theta/\partial z} \qquad \text{oder}$$

$$(51\,b) \qquad L' = \frac{u_*}{k} / \frac{\partial u}{\partial z} \; Ri, \qquad \text{wobei}$$

$$(52) \qquad L' = \frac{K_h}{K_m} \; L \qquad \text{ist.}$$

L' kann aus Schichtungsmessungen bestimmt werden. Bei logarithmischer Annäherung kann man schreiben:

$$(51\,c) \qquad L' = \frac{T \, u_1^{\,2} \; \Gamma_1}{g \, \Delta\Theta}$$

Dabei wurde $\Gamma_u = \Gamma_\Theta$ und $u_* = \Gamma_1 \, k \, u_1$ gesetzt. Ein Vergleich mit der entsprechenden Formel für Ri zeigt, daß es sich (bei logarithmischer Annäherung) um den Kehrwert der durch die Höhe dividierten Richardson'schen Zahl handelt:

$$(53) \qquad Ri = \frac{g \, \Delta\Theta \; z}{T \; \Gamma_1 \, u^2}$$

Als Stabilitätsparameter stehen also Ri, Rf und z/L zur Verfügung, die bei Annäherung an den adiabatischen Fall ineinander übergehen.

Die verschiedenen diabatischen Profilansätze

Monin und Obukhov [9o] entwickeln die Stabilitätsfunktion f(z/L) in eine Taylor-Reihe und brechen nach dem linearen Glied ab. Sie erhalten so das nur für kleine Werte von z/L geltende logarithmisch-lineare Gesetz:

$$(54\,a) \qquad \partial i/\partial z = \frac{const}{z+z_0} \left(1 + \alpha \frac{z}{L'}\right)$$

$$(54\,b) \qquad i - i_0 = const \left(\ln \frac{z}{z_0} + \alpha \frac{z}{L'}\right)$$

α wird aus Beobachtungen bestimmt. Mit der Ri-Zahl als Stabilitätsparameter lautet der gleiche Ansatz:

$$(55) \qquad \frac{\partial i}{\partial z} = \frac{const}{z+z_0} \left(1 - \alpha \, Ri\right)^{-1}$$

wie z. B. eine Umformung der Gleichung 54 a mit Hilfe von 63 b zeigt.

Ellison, Panofsky [91, 92] u. a. geben eine Formel an, die für den gesamten interessierenden Stabilitätsbereich gelten soll - also von der freien Konvektion bis zur kritischen Richardson'schen Zahl, bei der die Turbulenz erlischt. Mit Ri als Stabilitätsparameter lautet sie:

$$\frac{\partial i}{\partial z} = \frac{const}{z+z_o} \; (1 - 4\,a\,Ri)^{-1/4} \qquad (56)$$

Allgemein kann man für die Stabilitätsfunktion bei Benutzung von Ri schreiben:

$$f(Ri) = \left(1 + \frac{a}{n}\,Ri\right)^{n} \qquad (57)$$

f (Ri) ist im adiabatischen Fall gleich 1. Die bekannten Ansätze sind durch bestimmte Werte des Exponenten n gegeben.

n = 1; logarithmisch-linearer Ansatz (mit Ri als Stabilitätsparameter).	Ein derartiger Ansatz wurde schon empirisch von Halstead (1943) [93] gefunden.
n = -1; Ansatz von Monin-Obukhov [9o]	Dieser Ansatz entspricht einem logarithmisch-linearen Gesetz mit z/L als Stabilitätsparameter. Die durch n = 1 gegebene Form der Stabilitätsfunktion stellt eine Näherung der für n = -1 geltenden Gleichung dar.
n = -1/4; Ansatz von Ellison-Panofsky [91, 92]	Diese zuerst von Ellison abgeleitete Formel wurde gewonnen durch Interpolation zwischen den im Bereich der dynamischen Turbulenz und der freien Konvektion geltenden Beziehungen. Dabei wird angenommen, daß der Übergang zwischen diesen beiden Bereichen (in der Nähe von Ri = -o,o3) stetig vor sich geht.
n = -1/2; Ansatz von Holzmann [94]	Der Ansatz wurde 1943 von Holzmann empirisch abgeleitet. Er kann als Näherung des Ellison-Ansatzes angesehen werden (Reihenentwicklung).
n = 1/2; Rossby-Montgomery [95]	Dieses auf Grund von Mischungswegvorstellungen abgeleitete Modell gibt vor allem eine Erweiterung für den stabilen Bereich.

Um die gegebenen Modelle zur Ableitung von Profilkoeffizienten, Wellenleiterdicken etc. praktisch anwenden zu können, müssen die Vertikalströme und die Schubspannungsgeschwindigkeit bekannt sein. Solange diese Werte nicht vorliegen, ist es zweckmäßig, zu den leicht meßbaren Differenzen Δi_1 überzugehen. Hierzu integriert man die aus Gleichungen 47 und 57 folgende Beziehung:

(58 a) $$\frac{\partial i}{\partial z} = \frac{S_i/Q}{u_* \, k} \, \frac{f(Ri)}{(z+z_o)}$$

zwischen der Oberfläche z = o und einer Bezugshöhe z_1. Man erhält:

(58 b) $$\Delta i_1 = i_1 - i_o = \frac{S_i/Q}{u_* \, k} \cdot \int_o^{z_1} \frac{f(Ri)}{z+z_o} \, dz \, ,$$

womit man allgemein schreiben kann [7]:

(59) $$\frac{\partial i}{\partial z} = \frac{\Delta i_1}{z+z_o} \left[\frac{f(Ri)}{\int_o^{z_1} \frac{f(Ri)}{z+z_o} \, dz} \right]$$

Der in der eckigen Klammer stehende Ausdruck entspricht formal dem Profilkoeffizienten. Das Integral im Nenner ist bei bekanntem Rauhigkeitsparameter und gegebener Stabilität eine Konstante; für Ri = o erhält man für diese Konstante den bekannten adiabatischen Wert des Profilkoeffizienten. Zur Vereinfachung bezeichnen wir in Gleichung 59 mit $B_{(n)}$:

(6o) $$B_{(n)} = \int_o^{z_1} \frac{f(Ri)}{z+z_o} \, dz$$

Die Richardson'sche Zahl als Funktion der Höhe

Da über das Verhältnis der Transportkoeffizienten, welches aus Flußmessungen bestimmt werden muß, noch keine gesicherten Unterlagen vorliegen, wird mit den Gradientformen der Richardson'schen Zahl bzw. der Skalenlänge L (= L' K_m/K_h, siehe Gleichung 52) gearbeitet. Zwischen beiden besteht die Beziehung:

(61) $$\frac{z}{L'} = \frac{kz}{u_*} \, \frac{\partial u}{\partial z} \, Ri$$

Schreiben wir im diabatischen Fall für

$$\frac{\partial u}{\partial z} = \frac{u_*}{kz} \, f(Ri) \, ,$$

so ist allgemein der Zusammenhang zwischen z/L' und Ri, und damit die Höhenabhängigkeit von Ri, gegeben durch

(62) $$\frac{z}{L'} = Ri \; f(Ri)$$

Für den Ansatz von Ellison-Panofsky ist die Höhenabhängigkeit von Ri damit gegeben durch

$$(63\,a)\qquad \frac{z}{L'} = \frac{Ri}{\sqrt[4]{1 - 4\,a\,Ri}}$$

Für den Ansatz von Monin-Obukhov (n = -1 in Gleichung 57) erhält man:

$$(63\,b)\qquad \frac{z}{L'} = \frac{Ri}{1 - a\,Ri}$$

bzw. in diesem Fall kann man nach einfacher Umformung schreiben:

$$(63\,c)\qquad Ri = \frac{z/L'}{1 + a\,z/L'}$$

L' kann in erster Näherung mit Gleichung 51 a bestimmt werden und gilt als im wesentlichen unabhängig von der Höhe. Die allgemeine Einführung der durch Gleichung 62 gegebenen Höhenabhängigkeit der Richardson'schen Zahl führt, insbesondere für den Ansatz von Ellison-Panofsky, zu recht umfangreichen Rechenoperationen, da Ri nicht geschlossen als Funktion von z/L' gegeben werden kann, sondern nur numerisch aus einer Gleichung 4. Grades (siehe Gleichung 63 a) zu gewinnen ist. Es wird deshalb zunächst mit der einfachen Näherung

$$(64)\qquad Ri = Ri'z$$

gerechnet, d.h. es wird eine lineare Zunahme von Ri mit der Höhe angenommen. In diesem Fall sind die auftretenden Integrale geschlossen lösbar.

Ri' kann dann als Ableitung von Ri nach der Höhe aufgefaßt werden und ergibt sich nach Gleichung 53 zu:

$$(65\,a)\qquad Ri' = \frac{g\ \Delta\Theta_1}{T\ \Gamma_1\ u^2}$$

Setzen wir Γ_1 = konst. = o,1, so ergibt sich - bei einer Bezugshöhe von 6 m - für mittlere Verhältnisse die sog. bulk-Richardson'sche Zahl zu:

$$(65\,b)\qquad Ri_b \approx 2\ \frac{\Delta\Theta}{u^2}$$

Da Γ jedoch in Abhängigkeit von der atmosphärischen Schichtung gemessen vorliegt, kann es zur individuellen Bestimmung von Ri bzw. Ri' benutzt werden, wodurch eine bessere Näherung (als Ri_b) erreicht wird.

Der allgemeine Ansatz für diabatische Verhältnisse (siehe Gleichung 59) ist mit dieser Näherung dann gegeben durch:

$$(66)\qquad f\,[Ri\,(z)\,] = \left(1 + \frac{a}{n}\ Ri'z\right)^n$$

12.3.2. Ableitung einiger charakteristischer Parameter, einschließlich der maritimen Wellenleiterdicke [96]

Im folgenden werden die im Rahmen dieser Untersuchung interessierenden Parameter für verschiedene Profilmodelle abgeleitet:

a) Der Profilkoeffizient in einer bestimmten Höhe b

Er ist gegeben durch (siehe Gleichungen 59, 6o, 66):

(67)
$$\Gamma_b = \frac{\left(1 + \frac{a}{n}\,Ri'z_b\right)^n}{\int_0^{z_1} \frac{(1 + \frac{a}{n}\,Ri'z)^n}{z + z_0}\,dz} = \frac{\left(1 + \frac{a}{n}\,Ri'z_b\right)^n}{B\,(n)}$$

Im einzelnen erhält man:

n = 1:

(67 a)
$$\Gamma = \frac{1 + a\,Ri'z_b}{B\,(1)}\,, \text{ mit}$$

(68 a)
$$B = \ln \frac{z_1}{z_0} + a\,Ri'z_1$$

n = -1:

(67 b)
$$\Gamma = \frac{(1 - a\,Ri'z_b)^{-1}}{B\,(-1)}\,, \text{ mit}$$

(68 b)
$$B = \ln \frac{z_1}{z_0} + \ln \frac{1 - a\,Ri'z_0}{1 - a\,Ri'z_1}$$

n = -1/4:

(67 c)
$$\Gamma = \frac{(1 - 4\,a\,Ri'z_b)^{-1/4}}{B\,(-1/4)}$$

(68 c)
$$B = 2 \text{ arc tg}\,(1 - 4\,a\,Ri'z_1)^{1/4} - 2 \text{ arc tg}\,(1 - 4\,a\,Ri'z_0)^{1/4}$$
$$- \ln \left| \frac{1 + (1 - 4\,a\,Ri'z_1)^{1/4}}{1 - (1 - 4\,a\,Ri'z_1)^{1/4}} \right| + \ln \left| \frac{1 + (1 - 4\,a\,Ri'z_0)^{1/4}}{1 - (1 - 4\,a\,Ri'z_0)^{1/4}} \right|$$

n = 1/2:

(67 d)
$$\Gamma = \frac{(1 + 2\,a\,Ri'z_0)^{1/2}}{B\,(1/2)}$$

(68 d) $$B = 2(1 + 2\,a\,Ri'z_1)^{1/2} - 2(1 + 2\,a\,Ri'z_o)^{1/2}$$

$$- 2\,\mathrm{ar\,coth}\,(1 + 2\,a\,Ri'z_1)^{1/2} + 2\,\mathrm{ar\,coth}\,(1 + 2\,a\,Ri'z_o)^{1/2}$$

(wenn $2\,a\,Ri'z > o$, sonst steht für "ar coth" "ar tgh").

b) Mittlere Profilkoeffizienten

Der mittlere Profilkoeffizient zwischen den Höhen z_b und z_a ist definiert durch:

(69) $$\bar{\Gamma}\Big|_a^b = \frac{1}{z_b - z_a} \int_a^b \Gamma\,dz = \frac{\int_a^b (1 + \frac{a}{n} Ri'z)^n\,dz}{(z_b - z_a)\;B(n)}$$

Für die verschiedenen Modelle erhält man:

n = 1:

(69 a) $$\bar{\Gamma}\Big|_a^b = \frac{[(z_b - z_a) + \frac{a}{2} Ri'\;(z_b^2 - z_a^2)]}{(z_b - z_a)\,B(1)} = \frac{1 + \frac{a}{2} Ri'\,(z_b + z_a)}{B\;(1)}$$

n = -1:

(69 b) $$\bar{\Gamma}\Big|_a^b = \frac{1}{(z_b - z_a)\;B(-1)\;a\,Ri'}\;\ln\;\frac{1 - a\,Ri'z_a}{1 - a\,Ri'z_b}$$

n = -1/4:

(69 c) $$\bar{\Gamma}\Big|_a^b = \frac{(1 - 4\,a\,Ri'z_b)^{3/4} - (1 - 4\,a\,Ri'z_a)^{3/4}}{(z_b - z_a)\;B(-1/4)\;3\,a\,Ri'}$$

n = 1/2 :

(69 d) $$\bar{\Gamma}\Big|_a^b = \frac{(1 + 2\,a\,Ri'z_b)^{3/2} - (1 + 2\,a\,Ri'z_a)^{3/2}}{(z_b - z_a)\;B(1/2)\;3\,a\,Ri'}$$

c) Deacon-Zahl ß

Die relative Krümmung eines Profils ist definiert durch die Gleichung

(7o) $$ß = - z\,\partial^2 i/\partial z^2 \;:\; \partial i/\partial z$$

Damit findet man für die einzelnen Profile:

n = 1:

(7o a) $$ß = \frac{1}{1 + a\,Ri'z}$$

n = -1:

(7o b) $$ß = \frac{1 - 2\,a\,Ri'z}{1 - a\,Ri'z}$$

n = -1/4:

(7o c) $$ß = \frac{1 - a\,Rf}{1 - 3/4\,a\,Rf}, \quad (Rf = \frac{K_h}{K_m}\,Ri), \quad [97]$$

(7o d) $$ß = \frac{1 - 5\,a\,Ri'z}{1 - 4\,a\,Ri'z}$$

n = 1/2:

(7o e) $$ß = \frac{1 + a\,Ri'z}{1 + 2\,a\,Ri'z}$$

d) Die maritime Wellenleiterdicke z^*_i

Bei Ableitung der Wellenleiterdicke setzt man in Gleichung 59 für Δi die potentielle Brechungswertdifferenz ΔN_p und statt $\partial i/\partial z$ den kritischen Gradienten des potentiellen Brechungsindex b_1 ein. Dann entspricht die in der Gleichung auftretende Höhe der maritimen Wellenleiterdicke z^*:

(71) $$b_1 = \frac{\Delta N_{p,1}}{z^*\,B(n)} \left(1 + \frac{a}{n}\,Ri'z^*\right)^n$$

Falls die Gleichung nicht mehr exakt gelöst werden kann, wird die Wellenleiterdicke mit Hilfe einer Näherungsmethode als Funktion von ΔN_p und Ri' bestimmt.

n = 1:

(71 a) $$z^*_{11} = \frac{\Delta N_p}{b_1\,B(1) - \Delta N_p\,a\,Ri'}$$

n = -1:

(71 b) $$z^*_7 = \frac{1}{2\,a\,Ri'} + \left[\frac{1}{4}\left(\frac{1}{a\,Ri'}\right)^2 - \frac{\Delta N_p}{b_1\;B(-1)\,a\,Ri'}\right]^{1/2}$$

n = -1/4:

(71 c) $$z^{*5}_{10} - \frac{z^{*4}_{10}}{4\,a\,Ri'} + \frac{1}{4\,a\,Ri'}\left(\frac{\Delta N_p}{B(-1/4)\,b_1}\right)^4 = 0$$

Diese Gleichung wurde im elektronischen Rechenzentrum der Universität Hamburg numerisch mit Hilfe des Newtonschen Verfahrens gelöst. Ist a eine Wurzel der Gleichung $y = f(x)$, dann ist $a + p$ eine bessere Näherung, wenn $p = \frac{f(a)}{f'(a)}$. Als erste Näherung wurde jeweils der bekannte adiabatische Wert ($Ri' = o$) der Wellenleiterdicke eingesetzt und dann Ri' (beginnend etwa mit $|Ri'| = 1o^{-5}$) bei vorgegebenem ΔN variiert. Die Iteration wurde abgebrochen, wenn $| x_{i+1} - x_i | < o{,}oooo1$ wurde.

n = 1/2:

$$(71\,d) \quad z^*_9 = a\, Ri' \left(\frac{\Delta N_p}{B(1/2)\, b_1}\right)^2 + \left[(a\, Ri')^2 \left(\frac{\Delta N_p}{B(1/2)\, b_1}\right)^4 + \left(\frac{\Delta N_p}{B(1/2)\, b_1}\right)^2 \right]^{1/2}$$

e) Effektiver Profilkoeffizient

Aus den direkt abgeleiteten Wellenleiterdicken kann man einen effektiven Profilkoeffizienten gewinnen:

$$\Gamma_{eff} = \frac{z^*}{\Delta N}\, b_1$$

Die Unterschiede zum logarithmischen Modell äußern sich in einer ΔN-Abhängigkeit des effektiven Profilkoeffizienten. Er gibt den Wert des Profilkoeffizienten an, den man bei logarithmischem Modell verwenden müßte, um bei gleichen Bedingungen dieselbe Wellenleiterdicke zu erhalten.

f) Der mittlere Gradient des Brechungsindex im Duct

(siehe 12, 2., Seite 1o4)

Gelegentlich ist es nützlich, die mittleren Gradienten über ein bestimmtes Höhenintervall zu kennen, z. B. zwischen der Meeresoberfläche und der Ductobergrenze. Der mittlere Gradient des (potentiellen) Brechungsindex ist gegeben durch:

$$(72) \quad \frac{\overline{\partial N_p}}{\partial z} = \frac{1}{z_b - z_a} \int_a^b \frac{\partial N_p}{\partial z}\, dz = \frac{\Delta N_p}{(z_b - z_a)\, B(n)} \int_a^b \frac{\left(1 + \frac{a}{n} Ri' z\right)^n}{z + z_o}\, dz$$

Die entsprechenden Gradienten in Abhängigkeit von ΔN und Ri' für die verschiedenen Modelle können leicht aus den schon gegebenen Formeln abgeleitet werden, denn das zusätzlich auftretende Integral

$$\int_{z_a}^{z_b} \frac{\left(1 + \frac{a}{n} Ri' z\right)^n}{z + z_o}\, dz$$

entspricht B(n), wenn man statt der Grenzen o und z_1 jetzt z_a und z_b setzt.

12.3.3. Vergleich der verschiedenen diabatischen Profilformen

Die verschiedenen Modelle können an Hand der im vorhergehenden Abschnitt definierten Parameter näher charakterisiert und miteinander verglichen werden. Dazu werden einige numerische Beispiele gegeben. Für die "Konstante" a setzen wir 4,5, was als guter Mittelwert angesehen werden kann. Als vertretbare Grenzen dieses Wertes sind wohl 3 und 7 zu nennen [siehe 12, 68, 97, 97]. Insbesondere für das logarithmisch-lineare Profil wird gelegentlich für den stabilen Bereich ein Wert von 7 und für den labilen Bereich ein Wert von 1,9 vorgeschlagen [siehe 98]. Offenbar liegt eine Stabilitätsabhängigkeit vor (s. u.).
Als Rauhigkeitsparameter wird der von uns aus Schichtungsmessungen abgeleitete Wert von z_0 = o,o18 cm für alle Windgeschwindigkeiten benutzt. Das Bezugsniveau liegt in z_1 = 6 m Höhe.

12.3.3.1. Profilkoeffizienten

Die Profilkoeffizienten wurden für Höhen von 6 m und 2o m, die mittleren Profilkoeffizienten für die Höhenintervalle zwischen o,1 bis 1 m, o,1 bis 1o m, 1 bis 1o m, o,1 bis 35 m und o,5 bis 2o m berechnet. Sie sind für die verschiedenen Modelle als Funktion der Richardson'schen Zahl in Abbildung 22 a (logarithmisch-lineares Profil), Abbildung 23 a (Monin-Obukhov-Ansatz), Abbildung 23 b (Ellison-Panofsky-Ansatz) und in Abbildung 22 b (Rossby-Montgomery-Ansatz) eingetragen.
Prinzipiell ergibt sich für alle Modelle die beobachtete Zunahme des Profilkoeffizienten mit anwachsender Stabilität (Ri-Zahl). Die Intensität der Änderung mit der Ri-Zahl ist von Modell zu Modell verschieden. Zu beachten ist, daß die Modelle, abgesehen vom Ellison-Panofsky-Ansatz, nur für bestimmte Stabilitätsbereiche gelten (siehe Seite 113).

Im Bereich instabiler Schichtung erreichen die Profilkoeffizienten für den logarithmisch-linearen sowie für den von Rossby und Montgomery gegebenen Ansatz schon für geringere Abweichungen vom neutralen Gleichgewicht sehr kleine Werte bzw. gehen gegen Null ($Ri'z_b = 1/a$ bzw. $1/2\,a$).

Bei stabiler Schichtung steigen die nach Monin-Obukhov berechneten Profilkoeffizienten sehr stark mit zunehmender Richardson'scher Zahl an und gehen für $Ri'z_b$ bzw. $Ri'z_1 = 1/a$ gegen Unendlich.
Das von Ellison-Panofsky gegebene Modell gilt bei unteradiabatischen Verhältnissen bis zu einer kritischen Richardson'schen Zahl ($Ri_{krit} = 1/4\,a$). Die Γ-Kurven brechen deshalb bei $Ri'z_b$ bzw. $Ri'z_1 = 1/4\,a$ ab (siehe Gleichungen in Abschnitt 12.3.2.).

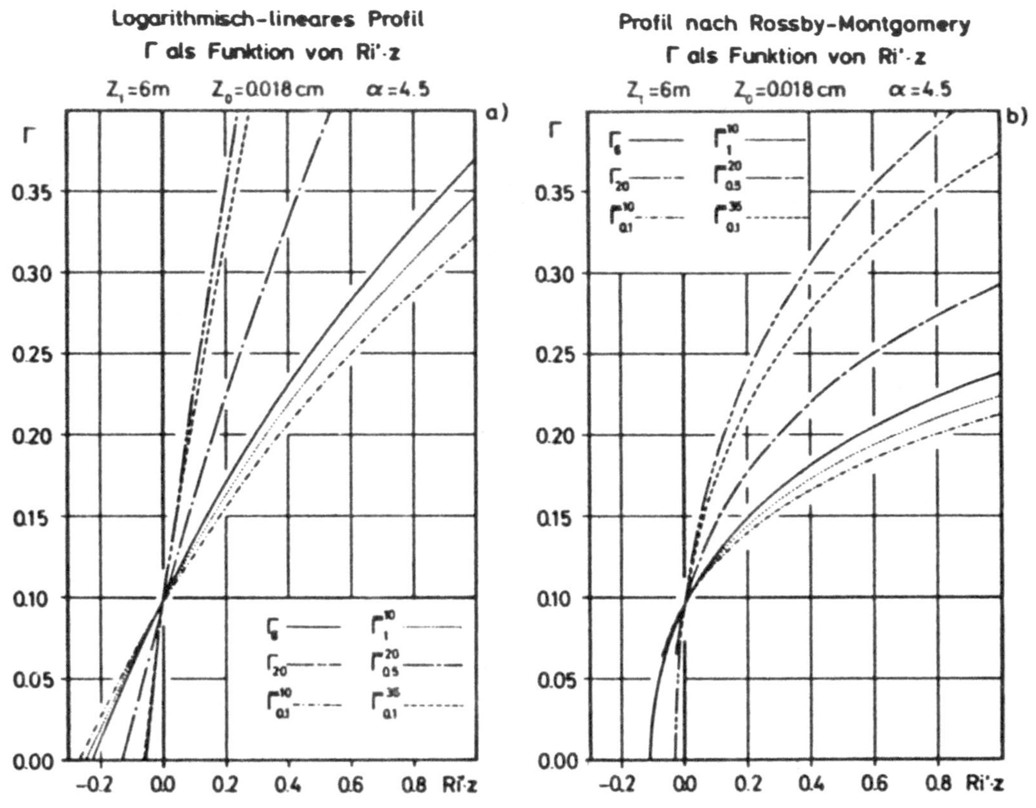

Abb. 22a,b. Profilkoeffizienten nach verschiedenen Modellen

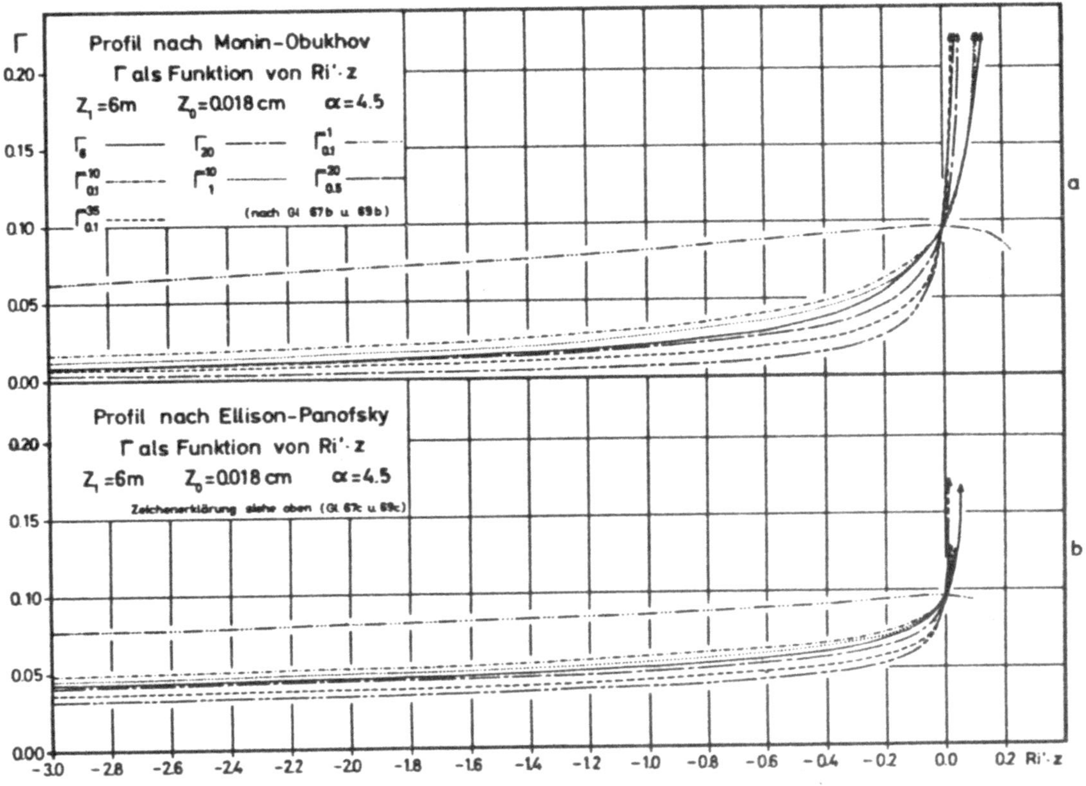

Abb. 23a,b. Profilkoeffizienten nach verschiedenen Modellen

Im Rahmen der hier diskutierten Probleme ist folgendes von besonderer Bedeutung: Bei Abweichung vom logarithmischen Modell sind die Profilkoeffizienten mehr oder weniger stark höhenabhängig. Daher sind Fehler bei logarithmischer Annäherung der Schichtung insbesondere dann zu erwarten, wenn mit einem für ein bestimmtes Höhenintervall abgeleiteten Profilkoeffizienten die Verhältnisse in einem anderen Höhenbereich bzw. über ein größeres Höhenintervall beschrieben werden sollen. Dieses Problem spielt auch bei Berechnung der Ductdicke nach der oben gegebenen Konzeption (siehe Abschnitt 8.4.) eine Rolle, denn wir benutzen durchweg Profilkoeffizienten, die im Höhenbereich zwischen 1 und 1o m abgeleitet wurden. Im Bereich stabiler Schichtung sind die Abweichungen der für andere Höhenbereiche geltenden Profilkoeffizienten vom Wert des zwischen 1 und 1o m abgeleiteten besonders stark.

Nach neueren Untersuchungen anderer Autoren [McVehil, Webb, s. 68] scheint das logarithmisch-lineare Gesetz im stabilen Bereich nicht nur für sehr kleine Richardson'sche Zahlen zu gelten, sondern bis zu Ri-Zahlen von etwa o,1.
Die Höhenabhängigkeit ist am wenigsten ausgeprägt für das von Ellison-Panofsky gegebene Modell. Doch sind die Abweichungen auch hier z.T. beträchtlich.

12.3.3.2. Deacon-Zahl

In Abbildung 24 ist die Abhängigkeit der relativen Profilkrümmung ß (Deacon-Zahl) von der Richardson'schen Zahl für eine Höhe von 6 m eingetragen. Man findet charakteristische Unterschiede für die verschiedenen Modelle. Im instabilen Bereich erhält man mit dem von Ellison-Panofsky gegebenen Ansatz einen mit den Beobachtungen weitgehend übereinstimmenden Verlauf. Aber auch Werte von ß = 2, wie sie der Ansatz von Monin-Obukhov ergibt, sind im Bereich jenseits der freien Konvektion möglich.

Webb [99] und Townsend [1oo] fanden, daß es neben dem Übergang von der erzwungenen zur freien Konvektion (bei etwa Ri ≈ - o,o3) noch eine zweite Übergangszone zwischen Ri = -o,1 und -1 gibt. Hier erreicht der Exponent der für den Gradienten geltenden Höhenabhängigkeit einen Wert von -2. Die anschließende Zone nennt Panofsky den Bereich der windschwachen Konvektion (windless convection).

Im Bereich stabiler Schichtung kann außerhalb eines kleinen Intervalls, in dem alle Theorien plausible Werte ergeben, das logarithmisch-lineare oder das von Rossby-Montgomery gegebene Modell für praktische Berechnungen benutzt werden.

Die eingetragenen Meßwerte wurden von Businger [s. 92] gegeben. Sie zeigen im we-

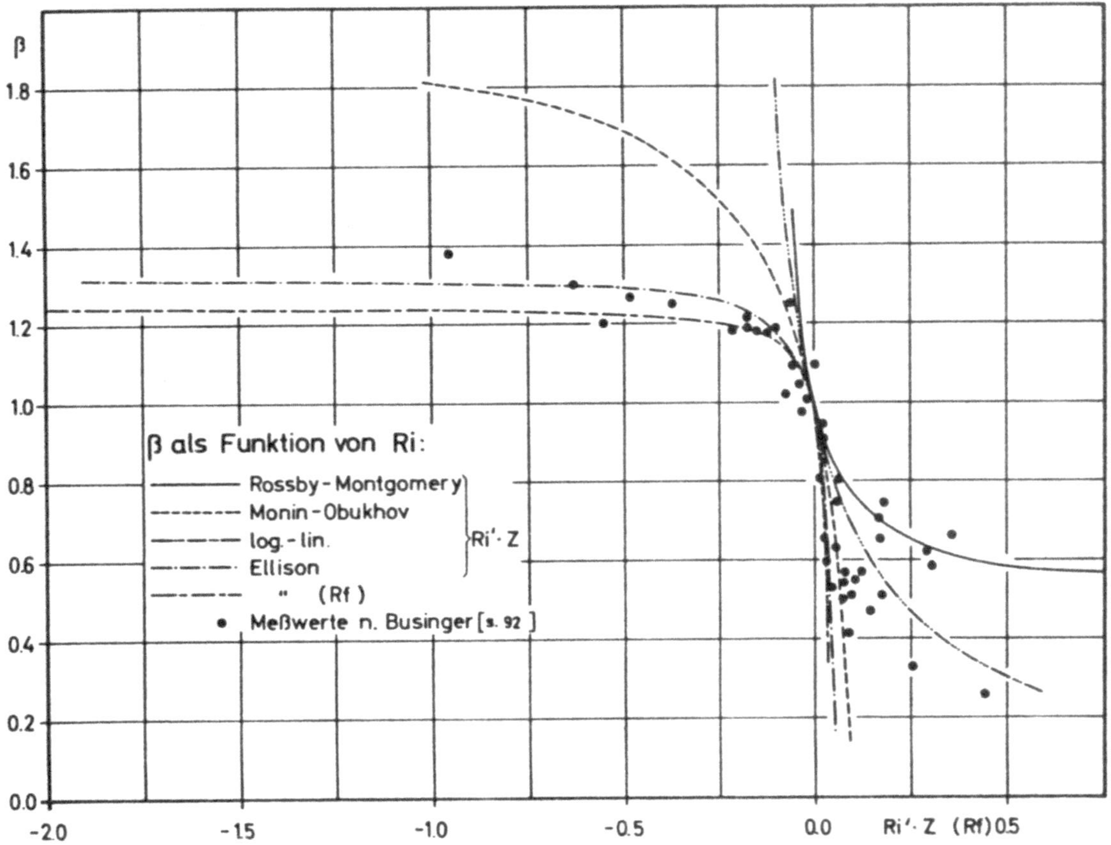

Abb. 24. Der Exponent β nach verschiedenen Modellen

sentlichen, daß der Ellison-Panofsky-Ansatz über weite Bereiche die Beobachtungen am besten wiedergibt.

Bei Heranziehung des Potenzmodells zur Berechnung von Wellenleiterdicken (von uns mit $z*_5$ bezeichnet) wurde im instabilen Bereich die Deacon-Zahl ß nach dem Ansatz von Ellison-Panofsky (ß(Rf)) und im stabilen Bereich nach dem Ansatz von Rossby-Montgomery bestimmt.

12.3.3.3. Wellenleiterdicke, effektive Profilkoeffizienten

Die Wellenleiterdicke als Funktion von Ri' mit der Brechungswertdifferenz ΔN als Parameter wird für die betrachteten Profilmodelle in den Abbildungen 25-28 dargestellt. Mit Hilfe dieser Diagramme kann aus einfachen meteorologischen Messungen, die ΔN und Ri' liefern, die Dicke des maritimen Wellenleiters abgeleitet werden.

Für das logarithmisch-lineare Modell (Abbildung 25) erhält man - wie zu erwarten - schon bei geringeren Abweichungen vom neutralen Gleichgewichtszustand sehr kleine (instabiler Bereich) bzw. sehr große Werte (stabiler Bereich) der Wellenleiterdicke ($z*_{11}$ genannt). Doch ähnlich, wie man das logarithmische Modell mit einem von der Richardson'schen Zahl abhängigen Γ auch für diabatische Verhältnisse benutzt, könnte man mit einem von der Richardson'schen Zahl abhängigen a (wenn gesicherte Kollektive vorlägen) dieses Modell als nächste Näherung auch für stärkere Abweichungen vom neutralen Gleichgewicht verwenden. Pandolfo [1o1] zitiert Werte, die zwischen $a \approx 8$ (bei $-z/L = o,o1$) und $a \approx o,5$ (bei $-z/L \approx 2$) liegen. Der a-Wert hängt systematisch vom Stabilitätsbereich ab, in dem die Beobachtungen liegen, die zu seiner Ableitung auf der Grundlage dieses Modells benutzt werden.
Ein kleineres a ergibt einen schwächeren Abfall der Wellenleiterdicke mit zunehmender Instabilität; ein größeres a führt zu einer stärkeren Abhängigkeit der Wellenleiterdicke von der Richardson'schen Zahl.

Die Ansätze von Monin-Obukhov (Abbildung 26) und Ellison-Panofsky (Abb. 27) zeigen prinzipiell einen ähnlichen Verlauf. Neben der stetigen Abnahme der Wellenleiterdicke bei gleichem ΔN mit zunehmender Labilität beobachtet man ein (ebenfalls mit der Labilität stärker werdendes) Konvergieren der ΔN-Linien. Hierdurch zeigt sich eine nicht lineare ΔN-Abhängigkeit; im logarithmischen Modell liegt eine lineare Abhängigkeit der Wellenleiterdicke von ΔN vor. Die Wellenleiterdicke nach dem Ellison-Panofsky-Ansatz nimmt nicht so stark mit zunehmender Instabilität ab wie die des Monin-Obukhov-Modells. Ebenso ist die ΔN-Abhängigkeit weniger ausgeprägt.

Falls im Bereich stabiler Schichtung für die beiden zuletzt genannten Modelle (siehe

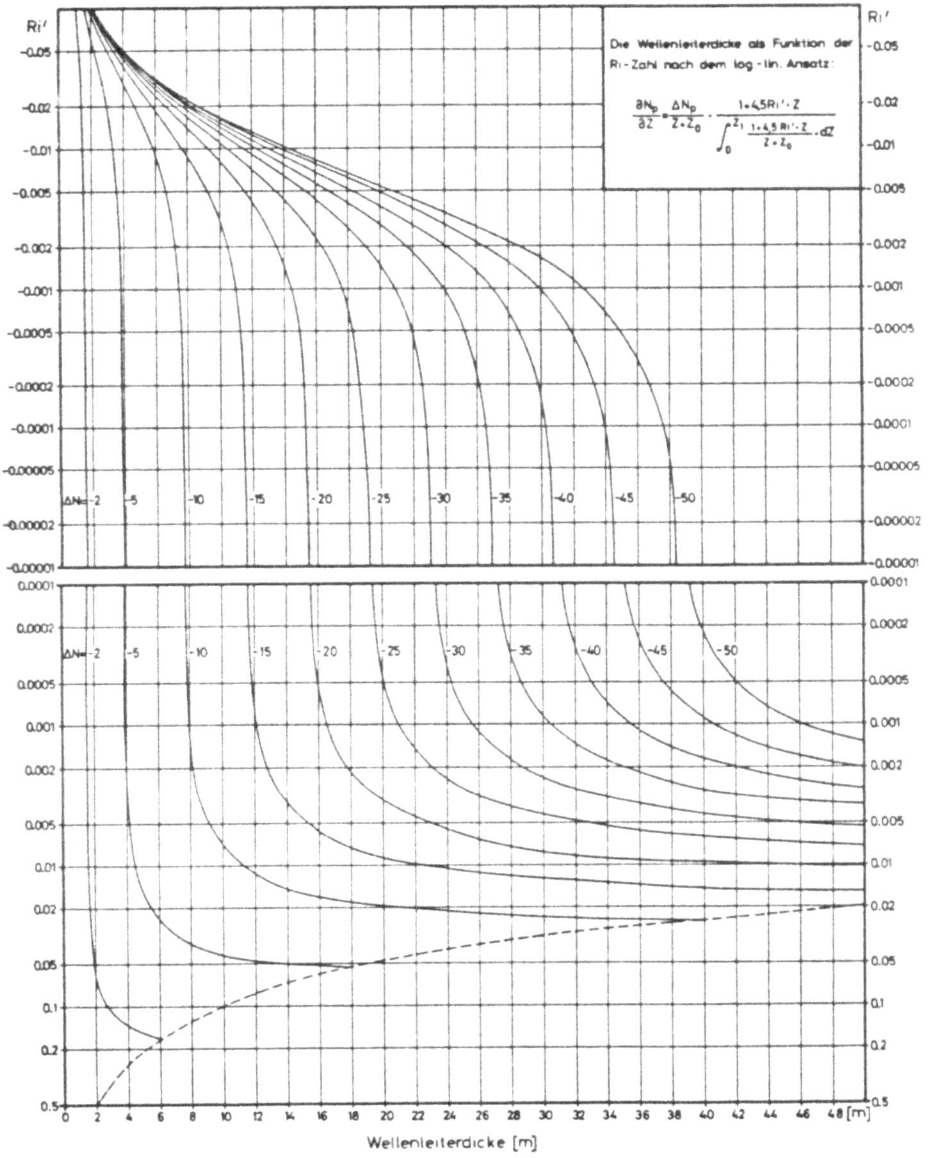

Abb. 25. Wellenleiterdicke bei log.-lin. Ansatz als Funktion der Ri-Zahl

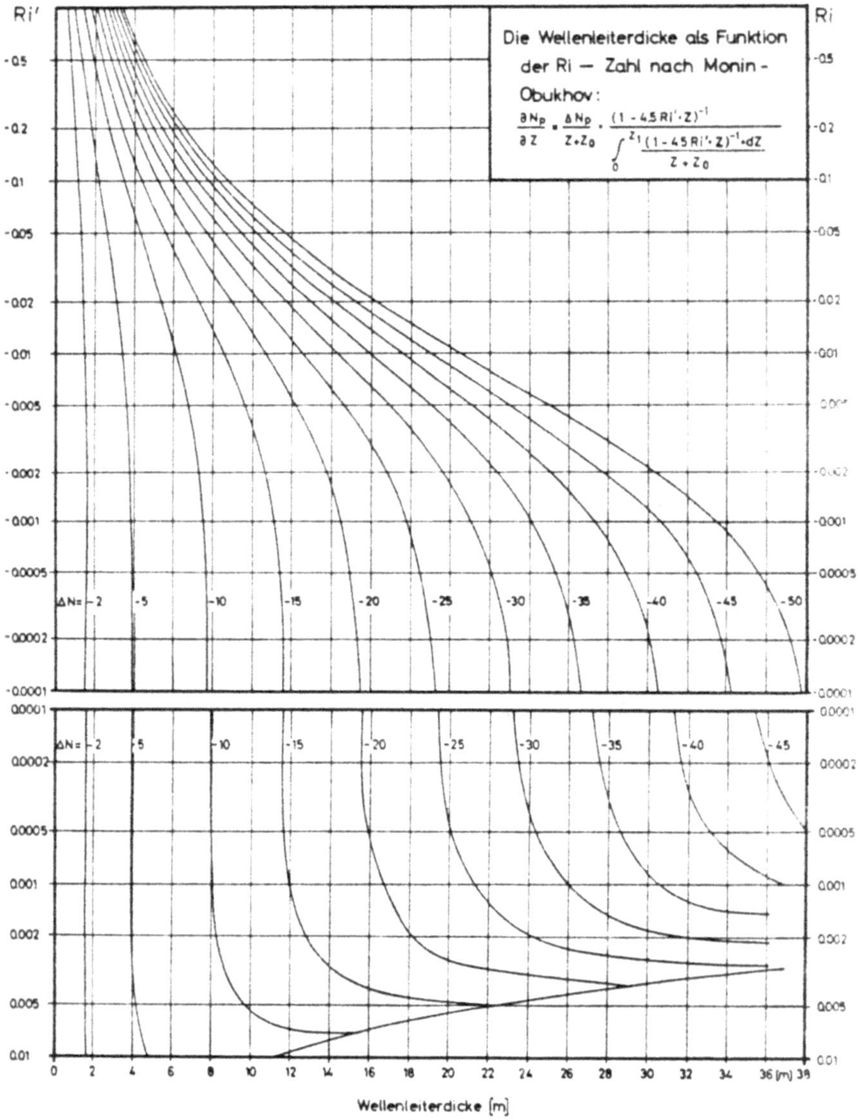

Abb. 26. Wellenleiterdicke nach Monin-Obukhov als Funktion der Ri-Zahl

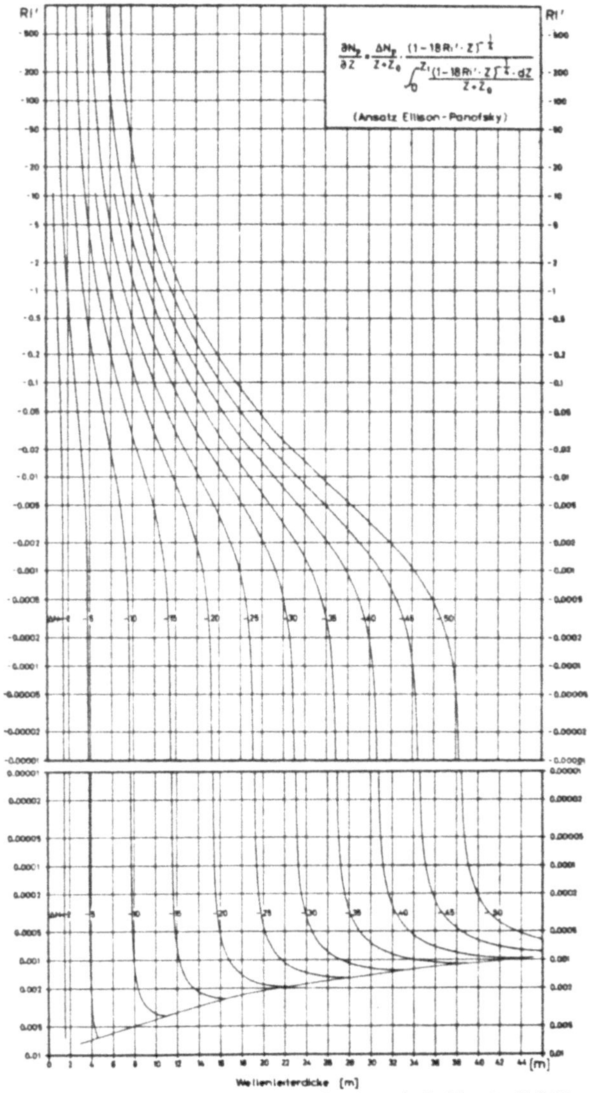

Abb. 27. Wellenleiterdicke nach Ellison - Panofsky als Funktion der Ri-Zahl

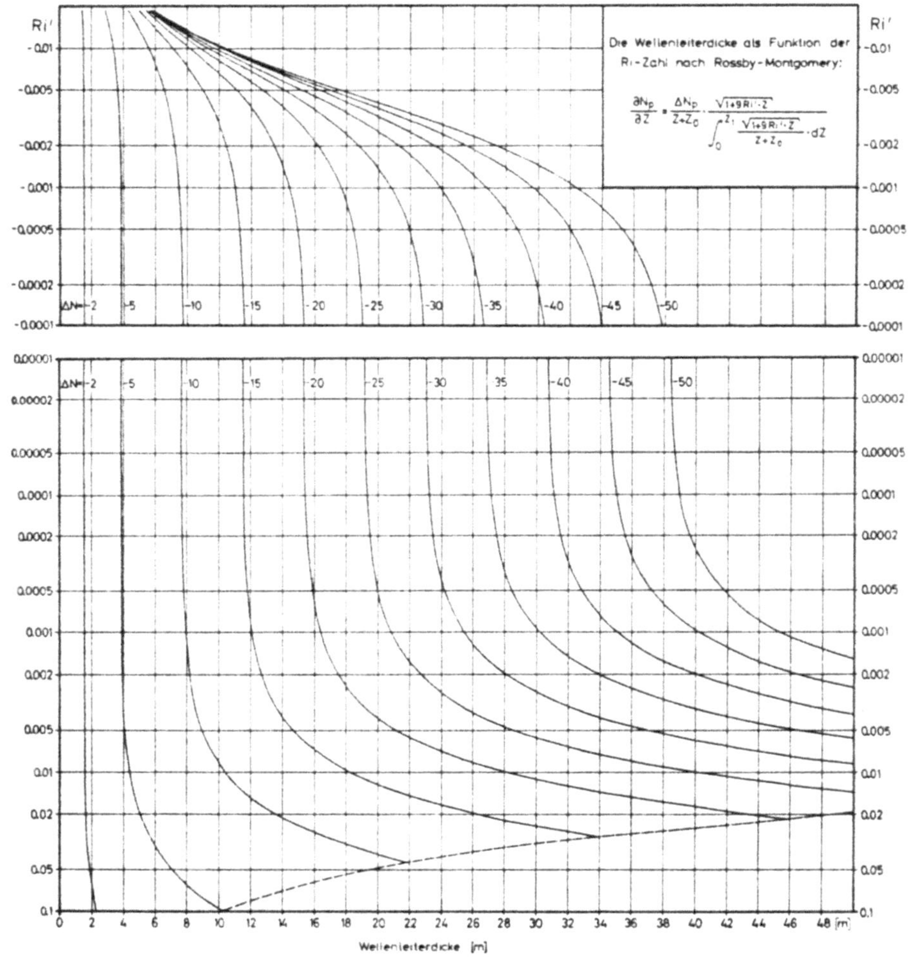

Abb. 28. Wellenleiterdicke nach Rossby-Montgomery als Funktion der Ri-Zahl

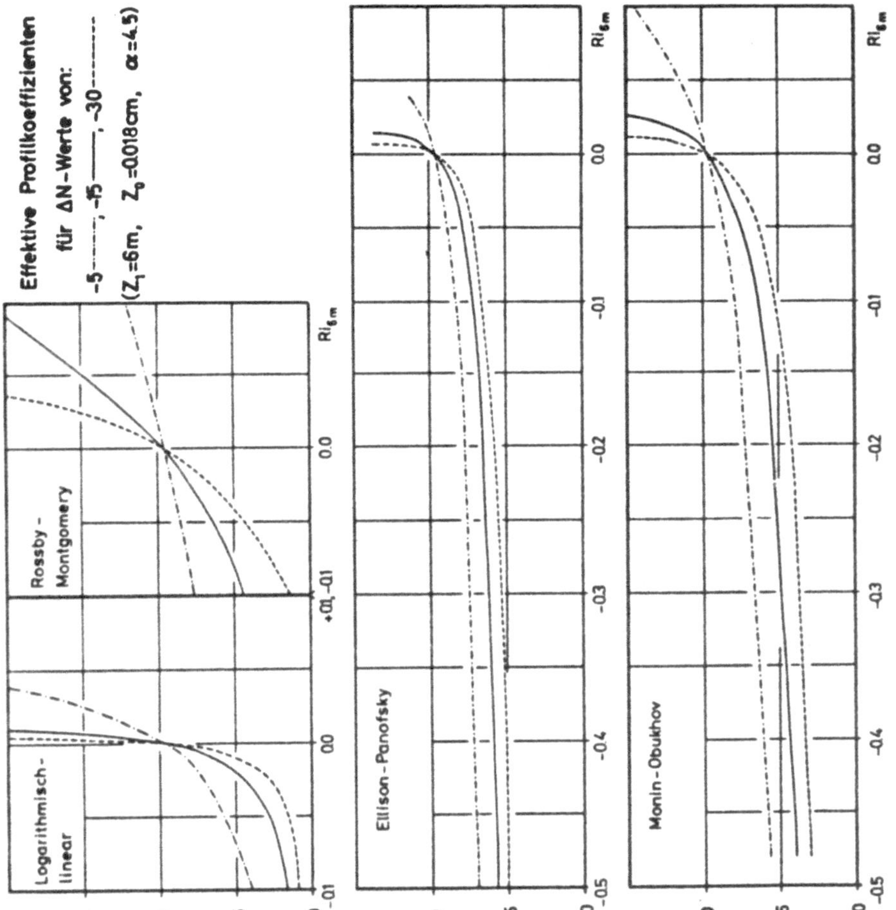

Abb.29. Effektive Profilkoeffizienten nach verschiedenen Modellen

Abbildungen 26, 27) keine reelle Lösung der Wellenleiterdicke vorliegt (siehe Gleichungen 71 b, c), wird bei der praktischen Anwendung der Diagramme jeweils (bei gegebenem ΔN) der letzte mögliche Wert der Wellenleiterdicke benutzt.

Zur qualitativen Vorhersage der Empfangsbedingungen oder der Radarreichweite könnte man in die gegebenen Diagramme entsprechende Bezugswerte, z. B. die kritischen Wellenleiterdicken für verschiedene Wellenlängen etc., einzeichnen. Damit wäre unmittelbar eine Aussage darüber möglich, ob Überreichweite- oder Unterreichweitebedingungen vorliegen.

Das Rossby-Montgomery-Modell (Abbildung 28) ergibt - wie zu erwarten - schon bei relativ schwacher Labilität sehr kleine Wellenleiterdicken; bei stabiler Schichtung steigt die Wellenleiterdicke, insbesondere bei größeren ΔN-Werten, kräftig mit Ri an. Die Kurven wurden im stabilen Bereich abgebrochen, wenn Ri'z• = 1 wird (gestrichelte Linie). Ebenso wurde beim logarithmisch-linearen Modell verfahren (siehe Abbildung 25).
Die gefundenen Gesetzmäßigkeiten werden verdeutlicht durch Ableitung der effektiven Profilkoeffizienten. Sie sind in der Abbildung 29 dargestellt. Die unterschiedlichen Abhängigkeiten von der Stabilität und von der Brechungswertdifferenz sind so leicht zu erkennen. Z. B. ergibt der Ansatz von Ellison-Panofsky für Ri = -0,1 mit ΔN = -5 einen effektiven Profilkoeffizienten von 0,083 und mit ΔN = -30 einen solchen von 0,066. Die entsprechenden Werte für das Monin-Obukhov-Modell sind dagegen 0,078 und 0,052. Man erkennt deutlich die schwächere Abnahme der Wellenleiterdicken mit zunehmender Instabilität und die weniger ausgeprägte ΔN-Abhängigkeit für das Ellison-Modell.

12.3.3.4. Der mittlere Gradient im Duct

Als Beispiel wurde für das Modell von Monin-Obukhov der mittlere Gradient des modifizierten Brechungsindex zwischen einer Höhe von 0,5 m und der jeweiligen Ductobergrenze ($z_{\bullet 7}$) berechnet (Abbildung 21 b, Seite 111). Man erhält ein ähnliches Bild wie für den Potenzansatz (Abbildung 21 a). Bei gleicher Wellenleiterdicke ist der mittlere Gradient umso größer, je labiler die Schichtungsverhältnisse sind.

12.3.4. Vergleich der theoretischen Profilkoeffizienten mit meteorologischen Messungen

Die Übereinstimmung mit den Profilkoeffizienten, die aus Messungen der Wasserdampfschichtung zwischen 1 und 10 m gewonnen wurden (siehe Abbildung 6), ist für alle Modelle in der Nähe des neutralen Gleichgewichtes gut ($-0,01 \leq Ri_{6m} \leq 0,025$). Für Ri = o müssen alle Theorien mit den Meßwerten zusammenfallen, da der aus den Messungen abgeleitete Rauhigkeitsparameter $z_0 = 0,018$ cm zugrunde gelegt wurde.

Im stabilen Bereich beschreibt die Theorie von Rossby-Montgomery die gemessenen Werte sehr gut. Auch der logarithmisch-lineare Ansatz liefert bis etwa $Ri_{6m} = 0,1$ eine gute Übereinstimmung. Der Profilkoeffizient nach Monin-Obukhov gibt die Messungen bis etwa $Ri_{6m} = 0,04$ gut wieder und steigt dann sehr steil an. Für das Ellison-Panofsky-Modell würde sich bis etwa $Ri_{6m} = 0,05$ eine gute Annäherung ergeben, wenn man mit einem a-Wert von etwa 2 (statt 4,5) rechnet.

Im instabilen Bereich kann nur von einer qualitativen Übereinstimmung gesprochen werden. Der logarithmisch-lineare Ansatz sowie der Ansatz von Rossby-Montgomery gelten voraussetzungsgemäß nur für geringe Abweichungen vom neutralen Gleichgewicht. Die theoretische Kurve nach Monin-Obukhov zeigt bei größeren Abweichungen eine stärkere Änderung mit der Labilität als die Meßwerte. Es werden Werte erreicht, die weit unterhalb der empirischen Abhängigkeit liegen. Die Profilkoeffizienten nach Ellison-Panofsky liegen etwas oberhalb der Meßwerte, ergeben aber qualitativ die beste Übereinstimmung. Quantitativ würde sich eine Verbesserung ergeben, wenn ein größerer a-Wert, etwa $a = 8$, benutzt werden würde. Schlecht bleibt die Annäherung - übrigens für alle Modelle - im Bereich schwach labiler Schichtung zwischen etwa $Ri_{6m} = -0,03$ und $-0,01$. Die Gründe hierfür dürften in den verschiedenen Ri-Näherungen zu suchen sein ($Ri = Ri'z$ in den theoretischen Ansätzen einerseits, Ri_{bulk} statt Ri andererseits; siehe auch Abschnitt 11.3.1.).

12.3.5. Diskussion einiger Fehlerquellen bei Berechnung der Wellenleiterdicke

Mit dem Modell von Ellison-Panofsky, das sich in der atmosphärischen Turbulenzforschung allgemein gut bewährt hat, sollen für den hier besonders wichtigen Fall labiler Schichtungsverhältnisse noch einige weitere Einzelheiten diskutiert werden, die uns Hinweise auf bestehende Fehlerquellen bei der Berechnung der maritimen Wellenleiterdicke geben.

a) Variation von a

Die Wellenleiterdicke als Funktion von Ri wurde mit a-Werten von 1,9 , 3,2 , 4,5 und 7 berechnet und in Abbildung 3o für den instabilen Bereich dargestellt. Eine a-Änderung von 3,2 auf 7 bewirkt bei mittleren Instabilitäten, etwa bei $Ri_{6m} = -0,1$, die größten Abweichungen mit einer Verringerung der Ductdicke um 2,5 m, wenn wir ΔN

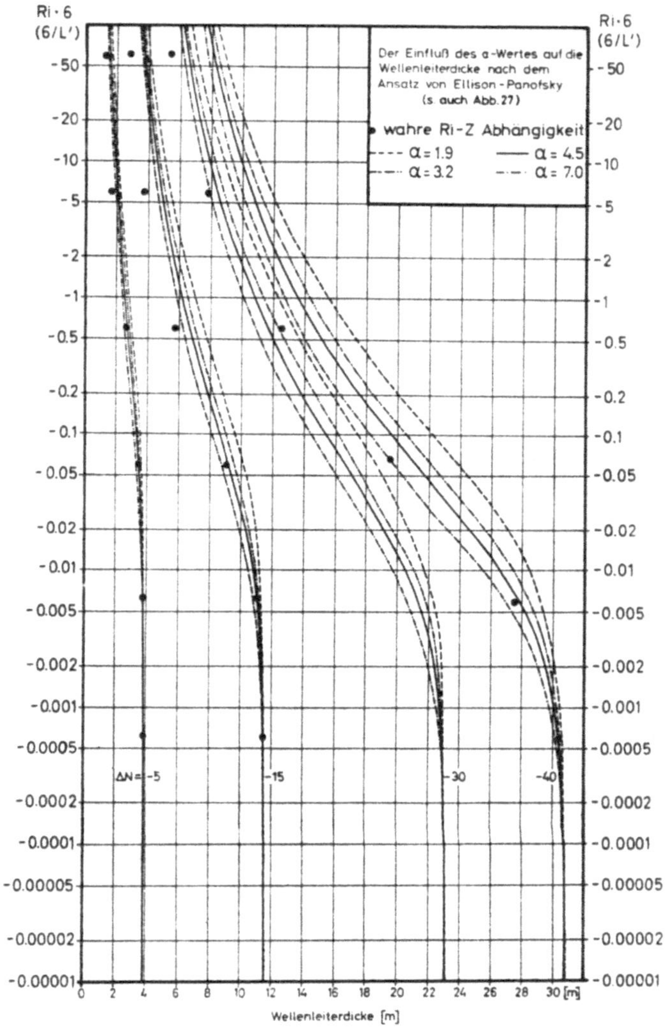

Abb. 30. Wellenleiterdicke nach Ellison - Panofsky bei verschiedenen α-Werten sowie bei Berücksichtigung der wahren Höhenabhängigkeit der Ri-Zahl (•)

= -4o setzen. Der Effekt ist also nicht erheblich, insbesondere nicht für geringere ΔN-Werte. Für ΔN = -15 ergibt sich nur noch ein Unterschied von o,9 m.

b) Variation von z_o

Eine Änderung des Rauhigkeitsparameters von o,oo15 cm ("glatte" Oberfläche) auf den von uns benutzten Wert o,o18 cm macht sich für ΔN = -3o bei Ri = -o,o1 in einer Verringerung der Ductdicke von 3,5 m und bei Ri = -o,1 von 2,5 m bemerkbar. Die Unterschiede sind im adiabatischen Fall am stärksten. Zwischen einem z_o von o,o18 cm und o,1 cm (einem Γ-Wert von o,115 entsprechend) ergeben sich für Ri = -o,o1 und -o,1 Unterschiede von 3,7 m und 2,5 m, wenn ΔN = -3o ist. Die entsprechenden Werte für ΔN = -15 sind 2 m und 1,5 m. Eine evtl. mögliche z_o-Änderung mit der Windgeschwindigkeit wird daher vor allem bei nicht zu starken Abweichungen vom adiabatischen Fall von Bedeutung sein.
Allzu große z_o-Werte (etwa > o,15 cm) müssen aber ausgeschlossen werden, da wir sonst zu große Ductdicken erhalten, die mit der Ausbreitungstheorie (z.B. Feldstärkeniveau bei Erreichen der kritischen Ductdicke) nicht zu vereinbaren sind.

c) Variation von K_h/K_m

Im Wert der "Konstanten" a steckt das Verhältnis der Transportkoeffizienten für Wärme und Impuls: ($a = a'K_h/K_m$). Eine Änderung dieses Verhältnisses mit der Stabilität - wie häufig vermutet - kann als ein variables a aufgefaßt werden. Der bei Berechnung der Ductdicke hierdurch verursachte Effekt kann daher durch die oben berücksichtigte a-Variation abgeschätzt werden. Doch über die Größe der Änderung von K_h/K_m mit der Stabilität gibt es bisher keine übereinstimmenden Angaben. Es scheint aber festzustehen, daß das Verhältnis in der Nähe des adiabatischen Zustandes 1 ist, mit zunehmender Instabilität zunimmt und bei Stabilität sehr klein werden kann. Eine ausführlichere Diskussion dieses Problemkreises wird in [68] gegeben. Nach neueren Untersuchungen von McVehil (1962) ist $K_h/K_m \approx 1$ für $-1 < Ri < o,o8$. Dies würde bedeuten, daß für die im Meßgebiet auftretenden Stabilitätsverhältnisse ein derartiger Effekt praktisch keine Rolle spielt. Von Priestley [siehe 68] werden allerdings für den instabilen Bereich Werte von 3 genannt.

Mit einem Verhältnis von 2,2 (entsprechend einer a-Änderung von 7 auf 3,2) ergibt sich für Ri_{6m} = -o,1 ein Unterschied in der Ductdicke von 1,8 m, wenn ΔN = -3o ist. Für Ri_{6m} = -o,o1 tritt eine Differenz in der Ductdicke von 1,5 m auf. Die entsprechenden Differenzen mit ΔN = -15 sind o,9 m und o,7 m.

13. DIE KORRELATION ZWISCHEN DER EMPFANGSFELDSTÄRKE UND DER NACH VERSCHIEDENEN TURBULENZMODELLEN BERECHNETEN WELLENLEITERDICKE

13.1. Vorbemerkungen

Die durchgeführten Untersuchungen über den Zusammenhang zwischen der Empfangsfeldstärke von Richtfunkstrecken und der maritimen Wellenleiterdicke (z_4^*) haben gezeigt, daß stark instabile Fälle, besonders wenn sie mit großen Brechungswertdifferenzen ΔN verknüpft sind, aber auch die (relativ wenigen) stabilen Situationen eine Korrelation mit der Feldstärke verschlechtern (siehe Abbildungen 16b, 17b). Die Wellenleiterdicke wurde dabei mit Hilfe des logarithmischen Modells und eines empirisch bestimmten Profilkoeffizienten abgeleitet.

Für jedes der im letzten Abschnitt diskutierten Modelle kann eine Berechnung der Wellenleiterdicke nach drei Methoden vorgenommen werden:

a) Mit Hilfe des logarithmischen Ansatzes, wobei aus dem entsprechenden Modell die Abhängigkeit eines mittleren Profilkoeffizienten von der Richardson'schen Zahl abgeleitet wird.

b) Mit Hilfe des Potenzansatzes, wobei ß aus dem benutzten Modell als Funktion der Richardson'schen Zahl bestimmt wird.

c) Die Wellenleiterdicke wird direkt aus dem Profil abgeleitet.

Von einigen dieser Möglichkeiten wird im folgenden Gebrauch gemacht. Als wesentlicher Fortschritt werden jedoch die direkt abgeleiteten Wellenleiterdicken angesehen. Die in Abschnitt 8 gegebene Konzeption zur Berechnung der Wellenleiterdicke auf der Grundlage des logarithmischen Modells wird dabei ersetzt durch die Einführung komplizierterer Modelle, wobei allerdings zunächst noch eine lineare Höhenabhängigkeit der Richardson'schen Zahl vorausgesetzt wird.
Die nach verschiedenen Methoden berechneten Wellenleiterdicken werden durch unterschiedliche Indizes gekennzeichnet. Die Tabelle 17 gibt eine Aufstellung der im Rahmen dieser Arbeit diskutierten Wellenleiterdicken.

Tabelle 17: Diskutierte Wellenleiterdicken

z^*	:	Logarithmisches Modell; Profilkoeffizient empirisch aus älteren in der Literatur vorliegenden Schichtungsmessungen [s. 9 und 64] bestimmt.
z_3^*	:	Logarithmisches Modell; der dem Profilkoeffizienten entsprechende Schichtungsfaktor F aus Feldstärkemessungen abgeleitet (s. Abschnitt 11).

$z*_4$: Logarithmisches Modell; Profilkoeffizient aus Messungen des Meteorologischen Instituts (früher Geophysikalisches Institut) der Universität Hamburg in den Jahren 1957-6o über der Nord- und Ostsee abgeleitet [s. 12, 13 und 58].

$z*_5$: Potenzmodell (siehe Abschnitt 12. 2., Gleichung 44); der Exponent ß mit Hilfe des Ansatzes von Ellison-Panofsky berechnet (siehe Gleichung 7oc).

$z*_6$: Logarithmisches Modell; mittlerer Profilkoeffizient (zwischen 1 und 1o m Wasserabstand) mit Hilfe des Modells von Ellison-Panofsky berechnet (siehe Gleichung 69 c).

$z*_{6a}$: Wie $z*_6$, aber mit einem mittleren Profilkoeffizienten zwischen o,5 und 2o m.

$z*_7$: Direkt abgeleitete Wellenleiterdicke nach dem Modell von Monin-Obukhov (siehe Gleichung 71 b).

$z*_8$: Logarithmisches Modell; Profilkoeffizient (zwischen 1 und 1o m) mit Hilfe des Modells von Monin-Obukhov berechnet (siehe Gleichung 69 b).

$z*_9$: Direkt abgeleitete Wellenleiterdicke nach dem Modell von Rossby-Montgomery (siehe Gleichung 71 d).

$z*_{1o}$: Direkt abgeleitete Wellenleiterdicke nach dem Modell von Ellison-Panofsky (siehe Gleichung 71 c).
Wie bei Berechnung der Wellenleiterdicken $z*_6$, $z*_{6a}$, $z*_7$, $z*_8$, $z*_9$ wurde die Richardson'sche Zahl durch Ri_{bulk} (siehe Gleichung 65 b) angenähert und ferner eine lineare Höhenabhängigkeit vorausgesetzt.

$z*_{1o'}$: Wie $z*_{1o}$, aber die Richardson'sche Zahl durch logarithmische Profilmodelle (siehe Gleichung 53) angenähert (Verbesserung gegenüber Ri_{bulk}).

$z*_{1o'v}$: Wie $z*_{1o'}$, aber bei Berechnung der Richardson'schen Zahl anstelle der Temperaturdifferenz Luft-Wasser die virtuelle Temperaturdifferenz benutzt.

$z*_{11}$: Direkt abgeleitete Wellenleiterdicke bei Benutzung des logarithmisch-linearen Ansatzes (siehe Gleichung 71 a). Richardson'sche Zahl wie für $z*_{1o}$.

$z*_{13}$: Direkt abgeleitete Wellenleiterdicke nach dem Modell von Ellison-Panofsky in der Originalform (siehe Gleichungen 73 und 76 c) mit L als Stabilitätsparameter. Dabei wurden L (siehe Gleichung 51 c) und S (siehe Gleichungen 74 a, b) logarithmisch angenähert.

$z*_{14}$: Direkt abgeleitete Wellenleiterdicke nach dem Modell von Ellison-Panofsky bei Berücksichtigung der wahren Höhenabhängigkeit der Richardson'schen Zahl (siehe Gleichung 63 a und Abschnitt 14. 2.).

13.2. Vergleich der Korrelation bei direkt abgeleiteter Wellenleiterdicke aus den vorgegebenen Modellen und bei Ableitung über den logarithmischen Ansatz

Mit Hilfe der im letzten Abschnitt diskutierten Modelle können insbesondere die auftretenden Unterschiede in der Wellenleiterdicke zwischen der logarithmischen Annäherung eines Profils und dem Originalprofil untersucht werden. Dabei werden die Wellenleiterdicken einerseits berechnet unter Anwendung logarithmischer Profile, wobei der Profilkoeffizient aus dem vorgegebenen Modell abgeleitet wurde, und andererseits direkt aus dem vorliegenden Originalprofil. Um einen besseren Vergleich mit dem z^*_4-Kollektiv zu haben, werden im allgemeinen für den logarithmischen Ansatz die mittleren Profilkoeffizienten im Höhenintervall zwischen 1 und 1o m zur Berechnung benutzt. Die gefundenen Unterschiede zwischen beiden Korrelationen sind dann eindeutig auf die Abweichungen vom logarithmischen Ansatz zurückzuführen.
Diese Versuche wurden für die Monate September 1962, Juli 1961 und z. T. auch für Dezember 1962 mit den Empfangsfeldstärken der 7 und 2 GHz-Strecken durchgeführt. Benutzt wurden jeweils die Modelle von Monin-Obukhov und Ellison-Panofsky. Die entsprechenden Wellenleiterdicken sind gekennzeichnet durch (siehe Tabelle 17):

z^*_8 : Monin-Obukhov (logarithmische Näherung)
z^*_7 : Monin-Obukhov (direkt)
z^*_6 : Ellison-Panofsky (logarithmische Näherung)
z^*_{1o}: Ellison-Panofsky (direkt)

Als Richardson'sche Zahl wurde zunächst Ri_b (siehe Gleichung 65 b) benutzt. Für den Monat September 1962 sind die dazugehörigen Punktwolken in den Abbildungen 16 e, f, g, i und 17 e, f, g, i (Seite 86 bis 9o), unterteilt nach der Stabilität der Schichtung, gegeben. Im folgenden stellen wir die Korrelationskoeffizienten gegenüber, wobei hier nicht auf die absoluten Unterschiede zwischen beiden Modellen, sondern zunächst nur auf die Differenzen zwischen dem Originalmodell und der logarithmischen Annäherung zu achten ist. Es sind also zu vergleichen: z^*_8 und z^*_7 (Monin-Obukhov), z^*_6 und z^*_{1o} (Ellison-Panofsky). Zur Orientierung über die Größenordnung der Korrelationskoeffizienten wird der Wert des z^*_4-Kollektivs ("Standardkollektiv") jeweils mit hinzugefügt.
Für das Ellison-Panofsky-Modell haben wir zusätzlich 2 Sonderkollektive untersucht.

Einerseits werden im September 1962 nur Beobachtungen berücksichtigt, wenn sowohl auf der 7 GHz- als auch auf der 2 GHz-Strecke die Fadingtypen A und B vorlagen (533 Fälle) - d.h. die Sicherheit, daß es sich um reine Ductausbreitung handelt, wird erhöht - und andererseits wird ein stärker instabiles Kollektiv ($- \infty < Ri_{1m} < -o,o25$) beim Auftreten des Fadingtyps A betrachtet (149 Fälle). Diese Werte sind in [ ] bzw. ( ) Klammern in der folgenden Tabelle angeführt.

Tabelle 18:

September 1962 - 7 GHz (636 Fälle, Zufallshöchstwert: o,12) | **2 GHz** (631 Fälle, Zufallshöchstwert: o,12)

7 GHz Monin-Obukhov	7 GHz Ellison-Panofsky	2 GHz Monin-Obukhov	2 GHz Ellison-Panofsky
$z*_8$: o,76	$z*_6$: o,7o [o,68],(o,51)	$z*_8$: o,48	$z*_6$: o,37
$z*_7$: o,82	$z*_{1o}$: o,76 [o,77],(o,65)	$z*_7$: o,65	$z*_{1o}$: o,51
$z*_4$: o,68 [o,66],(o,47)		$z*_4$: o,39	

Juli 1961 - 7 GHz (293 Fälle, Zufallshöchstwert: o,17) | **2 GHz** (324 Fälle, Zufallshöchstwert: o,16)

7 GHz Monin-Obukhov	7 GHz Ellison-Panofsky	2 GHz Monin-Obukhov	2 GHz Ellison-Panofsky
$z*_8$: o,67	$z*_6$: o,72	$z*_8$: o,43	$z*_6$: o,43
$z*_7$: o,75	$z*_{1o}$: o,76	$z*_7$: o,67	$z*_{1o}$: o,51
$z*_4$: o,56		$z*_4$: o,37	

Dezember 1962 - 7 GHz (372 Fälle, Zufallshöchstwert: o,16) | **2 GHz** (378 Fälle, Zufallshöchstwert: o,15)

7 GHz Monin-Obukhov	7 GHz Ellison-Panofsky	2 GHz Monin-Obukhov	2 GHz Ellison-Panofsky
	$z*_6$: o,64		$z*_6$: o,61
	$z*_{1o}$: o,64		$z*_{1o}$: o,59
$z*_4$: o,59		$z*_4$: o,58	

Die Korrelationen mit der Feldstärke sind in den Monaten September 1962 und Juli 1961 für beide Wellenlängen wesentlich besser, wenn man die direkt abgeleiteten Wellenleiterdicken statt der durch logarithmische Annäherung gewonnenen Werte benutzt. Die Unterschiede der Korrelationskoeffizienten r sind immer signifikant, und zwar ist im ungünstigsten Fall die gefundene Differenz zwischen den Korrelationskoeffizienten in weniger als o,1% aller Kombinationsmöglichkeiten zufällig zu erwarten. Der Signifikanztest wurde, wie üblich, durch Beurteilung der auftretenden Differenz im Fischer'schen z ($= \ln [1+r/1-r]^{1/2}$, normalverteilt) durchgeführt [siehe 1o2].

Eindeutiger als in der Änderung der Korrelationskoeffizienten äußern sich die Unterschiede in den Punktwolken (Abbildungen 16 und 17, jeweils e, f, g, i). Man erkennt,

daß insbesondere die bei logarithmischen Modellen auftretende Streuung für stärker instabile Fälle und große ΔN-Werte entweder völlig beseitigt (Monin-Obukhov-Modell) oder doch stark herabgesetzt wird (Ellison-Panofsky-Ansatz).
Im Dezember ergeben sich keine signifikanten Verbesserungen. Dies dürfte zwei Ursachen haben. Einerseits treten nur geringe Brechungswertdifferenzen auf, so daß sich die Abweichungen vom logarithmischen Modell nicht sehr stark bemerkbar machen, andererseits liegen im Winter gerade bei kurzperiodischem Fading häufig andere Ausbreitungsmechanismen vor (siehe Abschnitt 9.4.).

Die Verbesserung der Abhängigkeit zwischen der Feldstärke und den direkt abgeleiteten Wellenleiterdicken (z^{*}_{7}, z^{*}_{10}) wird (gegenüber den mit logarithmischen Näherungen berechneten Werten) im allgemeinen umso stärker sein, je größer der Anteil stark instabiler Fälle, gekoppelt mit großen ΔN-Werten, ist. Im Bereich der betriebenen Richtfunkstrecken ist der Anteil stark instabiler Fälle allerdings nicht allzu groß. Doch auch bei geringerer Instabilität wird ein strengerer Zusammenhang durch die nach dem Originalansatz berechnete Wellenleiterdicke erreicht werden, wenn die Schwankungsbreite des ΔN-Kollektivs groß ist. Eine Betrachtung der effektiven Profilkoeffizienten als Funktion der Ri-Zahl bei verschiedenen ΔN-Werten (Abbildung 29, Seite 131) erläutert diesen Tatbestand. Es zeigt sich ferner, daß eine Verbesserung für stark instabile Verhältnisse nicht immer eintreten muß, nämlich dann nicht, wenn das Kollektiv aus etwa gleich großen ΔN-Werten besteht.

Für stabile Fälle sind teilweise nur geringe Verbesserungen zu erwarten, da der Gültigkeitsbereich der Modelle hier durch die kritische Richardson'sche Zahl sehr eingeengt ist und für größere Richardson'sche Zahlen jeweils der letzte mögliche Wert der Wellenleiterdicke beibehalten wird (siehe Seite 132). Beim logarithmischen Modell nach Monin-Obukhov wurde für Ri_{6m}-Werte $> 0{,}11$ $\Gamma = 0{,}30$ als Grenzwert benutzt. Im allgemeinen ist in den vorliegenden Kollektiven der Anteil stabiler Fälle jedoch gering.

Für den Monat September wurde die logarithmische Näherung für den Ellison-Panofsky-Ansatz auch mit einem mittleren Profilkoeffizienten zwischen 0,5 und 20 m benutzt (z^{*}_{6a}). Es konnte keine Verbesserung des Korrelationskoeffizienten (0,66 für 7 GHz und 0,35 für 2 GHz) gegenüber dem entsprechenden Modell mit einem zwischen 1 und 10 m berechneten Profilkoeffizienten erzielt werden.

13.3. Die Strenge der Korrelation bei Benutzung verschiedener Modelle

Im folgenden werden die absoluten Unterschiede der Korrelation zwischen der nach verschiedenen Modellen und Methoden bestimmten Wellenleiterdicke (siehe Tabelle 17) und der Empfangsfeldstärke diskutiert. Es handelt sich um die im letzten Abschnitt besprochenen Wellenleiter-Kollektive z^*_6, z^*_7, z^*_8, z^*_{1o} sowie die Kollektive z^*_4, z^*_3 (Schichtungsfaktor aus Feldstärkemessungen) und z^*_5 (Potenzmodell). Die berechneten Korrelationskoeffizienten erlauben nur einen ersten Überblick über die bestehenden Zusammenhänge, da sie nur für lineare Abhängigkeitsgesetze gelten. Diese Bedingung ist jedoch häufig nicht erfüllt. Es sei deshalb auch auf die entsprechenden Punktwolken hingewiesen (Abbildungen 16 und 17 *), Seite 85 bis 9o). In der Tabelle 19 sind die berechneten Korrelationskoeffizienten für die Monate Juli 1961, September 1962 und Dezember 1962 enthalten. Bei Berechnung der jeweiligen Wellenleiterdicken wurde für die Richardson'sche Zahl die Näherung Ri_b (siehe Gleichung 65 b) benutzt, abgesehen von z^*_4, wo Γ in Abhängigkeit von der Windgeschwindigkeit und der Temperaturdifferenz Luft-Wasser vorliegt.

Tabelle 19: Korrelationskoeffizienten

	ΔN	z^*_3	z^*_4	z^*_5	z^*_6	z^*_7	z^*_8	z^*_{1o}
a) 7 GHz								
September 1962: (636 Fälle)	o,45	o,81	o,68	o,68	o,7o	o,82	o,76	o,76
Dezember 1962: (372 Fälle)	o,43	o,67	o,59	o,64	o,64	-	-	o,64
Juli 1961: (294 Fälle)	o,53	o,73	o,56	o,67	o,72	o,75	o,67	o,74

) Die Abbildungen 16 c und 17 c enthalten den Zusammenhang zwischen der Empfangsfeldstärke und der in früheren Jahren benutzten Wellenleiterdicke z, die auf der Grundlage logarithmischer Profile und damals vorliegender Profilkoeffizienten berechnet wurde. Dieses Kollektiv von Wellenleiterdicken wurde ersetzt durch das Kollektiv z^*_4, dem neuere Werte des Profilkoeffizienten zugrunde liegen. Auf die entsprechende Korrelation zwischen der Feldstärke und der Wellenleiterdicke z* (siehe Abschnitt 8.4.2.) wird nicht weiter eingegangen.

	ΔN	z^*_3	z^*_4	z^*_5	z^*_6	z^*_7	z^*_8	z^*_{10}
b) 2 GHz								
September 1962: (631 Fälle)	o,11	o,71	o,39	o,71	o,37	o,65	o,48	o,51
Dezember 1962: (381 Fälle)	o,46	o,56	o,58	o,55	o,61	-	-	o,59
Juli 1961: (328 Fälle)	o,21	o,72	o,37	o,55	o,43	o,67	o,43	o,51

7 GHz, allgemeine Ergebnisse

Gegenüber dem von uns benutzten Standardmodell z^*_4 werden offenbar in den meisten Fällen mit allen der benutzten Modelle mehr oder weniger große Verbesserungen des Zusammenhanges erreicht; diese Verbesserungen sind bei Verwendung logarithmischer Ansätze - wie zu erwarten - nicht allzu stark und häufig nicht signifikant. Eine Ausnahme macht das mit dem Profilkoeffizienten nach Monin-Obukhov berechnete Kollektiv (z^*_8), das eindeutig höhere Korrelationskoeffizienten als andere mit logarithmischen Modellen berechnete Kollektive ergibt.

Die aus den Turbulenzmodellen direkt abgeleiteten Wellenleiterdicken bringen in jedem Fall eine z. T. erhebliche Verbesserung des Zusammenhanges gegenüber dem Kollektiv z^*_4. Auch hierbei werden mit dem Modell von Monin-Obukhov (z^*_7) die günstigsten Resultate erzielt. Die mit z^*_3 (Schichtungsfaktor aus Feldstärkemessungen abgeleitet) gefundenen Korrelationen stehen diesem Modell jedoch kaum nach. Für die praktische Anwendung können diese beiden Modelle (z^*_7 und z^*_3) im Bereich unserer Richtfunkstrecken empfohlen werden. Auch in anderen Gebieten dürfte man mit z^*_7 gute Erfahrungen machen, solange überwiegend instabile Verhältnisse vorliegen.
Für winterliche Verhältnisse (Dezember 1962) sind die gefundenen Unterschiede aus den auf Seite 14o erwähnten Gründen gering.

7 GHz, nichtlineare Zusammenhänge

Der Korrelationskoeffizient für die Wellenleiterdicke z^*_5 (nach dem Potenzansatz berechnet) ist im Juli 1961 wesentlich höher als jener für z^*_4. Im September 1962 ergeben sich aber keine Unterschiede. Das hat folgende Gründe: Während im Falle der z^*_4-Korrelation vor allem die instabilen Fälle einen besseren Zusammenhang nicht zulassen (große Streuung), sind es im Fall der z^*_5-Korrelation vor allem die stabilen

Fälle mit ihren sehr großen Ductdicken, die einen höheren Korrelationskoeffizienten verhindern (siehe auch Abbildung 16), weil der Zusammenhang dann nicht mehr linear ist.

Im ersten Fall liegt also eine echte Verschlechterung der Korrelation vor, im zweiten eventuell nur eine (durch den für diese Situation nicht mehr geltenden Korrelationskoeffizienten) vorgetäuschte. Denn aus der Ducttheorie der Wellenausbreitung weiß man, daß beim Anwachsen der Ductdicke über die kritische Ductdicke hinaus keine wesentliche Zunahme der Feldstärke mehr erfolgt. Doch können für größere Ductdicken Einbrüche der Feldstärke (beim Übergang von einem mode auf den nächsten) vorkommen. In diesen Fällen versagt die Korrelationsanalyse völlig. Sie könnten auch durch Berechnung der Korrelationsverhältnisse und höherer Parameter nicht beschrieben werden. In den Punktwolken für den Monat September (Abbildung 16) findet man Beispiele für Abweichungen von einem linearen Zusammenhang (z^*_5, z^*_3, z^*_{10} etc.).

2 GHz

Mit den neuen Wellenleiterdicken erzielt man auch auf dieser Strecke in den meisten Fällen eine Verbesserung des Zusammenhanges gegenüber dem z^*_4-Kollektiv. Dies ist besonders im Sommer der Fall, wo der Zusammenhang zwischen der Feldstärke und der Wellenleiterdicke z^*_4 immer relativ gering ist (siehe Tabelle 19). Starke Verbesserungen werden mit den Wellenleiterdicken z^*_7, z^*_{10} (Originalansätze) und z^*_3 (Schichtungsfaktor aus Feldstärkemessungen auf 7 GHz) erreicht. Bei Benutzung der Wellenleiterdicke z^*_5 (Potenzansatz) erhält man ebenfalls für sommerliche Verhältnisse eine sehr enge Korrelation. Da die kritische Wellenleiterdicke nicht erreicht wird, tritt eine Nichtlinearität infolge zu hoher Wellenleiterdicken nicht auf.

Auch auf der 2 GHz-Strecke tragen im Winter die Fälle bei starker Instabilität nicht sehr zur Streuung der Punktwolken bei, so daß die Unterschiede in den Korrelationskoeffizienten nur gering sind.

13.4. Stabilitätsabhängige Streuung bei Benutzung des Ellison-Panofsky-Ansatzes, Fehlermöglichkeiten

Die Abhängigkeit zwischen der Feldstärke und der direkt mit dem Ellison-Panofsky-Ansatz berechneten Wellenleiterdicke z^*_{10} (siehe Abbildungen 16 i und 17 i) zeigt eine Aufgliederung nach der Stabilität, wobei insbesondere stark instabile Fälle, die mit großen ΔN-Werten verknüpft sind, nach wie vor herausfallen. Allerdings sind die Abweichungen nicht mehr so stark wie im Fall der Korrelation zwischen der Feldstärke und den Wellenleiterdicken z^*_4 und z^*_6 (logarithmische Annäherung).

Benutzen wir statt Ri_{bulk} (Gleichung 65 b) die Richardson'sche Zahl (Gleichung 53), so werden nur geringfügige - meist nicht signifikante - Verbesserungen der Korrelation erreicht (siehe Abbildungen 16 j, 17 j - Kollektiv $z^*_{10'}$). Auch die Berücksichtigung der virtuell-potentiellen Temperaturdifferenz bei Berechnung der Ri-Zahl (nach Gleichung 53) bringt keine wesentliche Erhöhung der Korrelation (siehe Abbildungen 16 k, 17 k - Kollektiv $z^*_{10'v}$). Die Aufteilung nach der Stabilität bleibt erhalten, mit instabilen Fällen am rechten Rand der Punktwolke und einigen stabilen Fällen (vorwiegend Fadingtyp B) am linken Rand.

Eine Variation von a (siehe Gleichung 57) in plausiblen Grenzen kann die verbleibenden Diskrepanzen nicht erklären, wie die Diskussion in Abschnitt 12. 3. 5. zeigte.
Da es sich bei den vom mittleren Zusammenhang stark abweichenden Fällen um sehr instabile Zustände bei vorwiegend geringer Windgeschwindigkeit handelt, könnte an eine Änderung des Rauhigkeitsparameters mit der Windgeschwindigkeit gedacht werden. Dieser Effekt verliert aber gerade mit zunehmender Instabilität an Einfluß (siehe Abschnitt 12. 3. 5.). Bei einer relativ starken Änderung des Rauhigkeitsparameters von o, oo15 cm (einem Profilkoeffizienten von o, o77 entsprechend) auf o, 145 cm (Profilkoeffizient von o, 12) sind für Ri_{6m} = -o, 1 und einem ΔN von -3o nur Verringerungen der Ductdicke von etwa 3 - 4 m möglich. Es ist daher nicht anzunehmen, daß hierdurch die erhebliche systematische Streuung bei stärkerer Instabilität erklärt werden kann.

Vielleicht gilt die im Ellison-Modell bei sehr starker Instabilität (windless convection) geforderte Höhenabhängigkeit des Gradienten von $z^{-4/3}$ nicht mehr. Bei Annahme einer stärkeren Höhenabhängigkeit (zuweilen wird z^{-2} genannt [99, 1oo, 68]) würde eine weitere Verbesserung der Korrelation erreicht werden. Dies zeigt die Anwendung des Ansatzes von Monin-Obukhov (n = -1 in Gleichung 57), für den sich eine derartige Höhenabhängigkeit bei starker Instabilität ergibt, wenn man Ri'z als Stabilitätsparameter verwendet.

Die benutzte Näherung Ri = Ri'z in den theoretischen Ansätzen stellt eine weitere Fehlerquelle dar. Bei Berücksichtigung der wahren Höhenabhängigkeit von Ri, gegeben durch Gleichung 62, wird die Abnahme der Wellenleiterdicke mit zunehmender Labilität intensiver werden als bisher, da die Höhenabhängigkeit von Ri stärker als linear ist (siehe Abschnitt 14).

13.5. Stabilitätsabhängige Korrektur der mit logarithmischen Modellen berechneten Wellenleiterdicke

Eine weitere Näherungslösung zur Bestimmung der maritimen Wellenleiterdicke kann mit dem Originalansatz von Ellison (z/L als Stabilitätsparameter) gefunden werden. Dabei bietet sich insbesondere die Möglichkeit, von den mit Hilfe logarithmischer Modelle gefundenen Wellenleiterdicken z_{*4}, z_{*6} oder z_{*ad} (= o,1 $\Delta N/b_1$) auszugehen und diese Werte je nach vorliegender Stabilität zu korrigieren.

Der von Ellison gegebene Originalansatz für das diabatische Windprofil lautet:

$$S^4 - \gamma \frac{z}{L'} S^3 = 1 \qquad (73)$$

γ entspricht dem Wert 4 a (= 18). S ist eine dimensionslose Windscherung, gegeben durch:

$$S = \frac{k\,z}{u_*} \frac{\partial u}{\partial z} \qquad (74\,a)$$

(Bedeutung der Symbole s. Gleichungen 24 und 25).

Für eine beliebige Eigenschaft i kann man analog einen dimensionslosen Parameter I definieren:

$$I = \frac{z}{i_*} \frac{\partial i}{\partial z} \qquad (74\,b)$$

u_*/k bzw. i_* können aber angenähert werden durch $\Gamma_u \cdot u_1$ bzw. $\Gamma_i \cdot \Delta i_1$. Mit dem potentiellen Brechungsindex als austauschbare Eigenschaft lautet die Gleichung 73:

$$\left(\frac{z}{\Gamma \Delta N_p} \cdot \frac{\partial N_p}{\partial z}\right)^4 - \gamma \frac{z}{L'} \left(\frac{z}{\Gamma \Delta N_p} \cdot \frac{\partial N_p}{\partial z}\right)^3 = 1 \qquad (75)$$

Bei Berechnung der Ductdicke z_* wird $\partial N_p/\partial z$ durch den kritischen Gradienten b_1 ersetzt:

$$\left(\frac{z_*\, b_1}{\Gamma \Delta N_p}\right)^4 - \gamma \frac{z_*}{L'} \left(\frac{z_*\, b_1}{\Gamma \Delta N_p}\right)^3 = 1 \qquad (76\,a)$$

bzw. z_* eliminiert:

$$z_*^4 \left[\left(\frac{b_1}{\Gamma \Delta N_p}\right)^4 - \frac{\gamma}{L'} \left(\frac{b_1}{\Gamma \Delta N_p}\right)^3 \right] = 1 \qquad (76\,b)$$

Die in den runden Klammern stehenden Ausdrücke stellen den Kehrwert der mit logarithmischen Modellen berechneten Wellenleiterdicke z_{*log} dar. Die neue (korrigierte) Wellenleiterdicke (z_{*13}) erhält man zu:

(76 c) $$z^*_{13} = \left(\frac{1}{\left(\frac{1}{z^*\log}\right)^4 - \frac{\gamma}{L'}\left(\frac{1}{z^*\log}\right)^3} \right)^{1/4}$$

Die Abbildung 31 gibt z^*_{13} als Funktion des Stabilitätsparameters 1/L' bei vorgegebenen z^*_{log}-Scharen. Dieses Modell führt bei stärkerer Instabilität zu erheblichen Verringerungen der Ductdicke, was sich vor allem für große Wellenleiterdicken (z^*_{log}) auswirkt. Die Berechnungen bei stabiler Schichtung sollten abgebrochen werden, wenn die kritische Richardson'sche Zahl (1/4 $a \approx$ o,06) in der Höhe z^*_{13} erreicht wird.

In den Abbildungen 16 l und 17 l sind für den Monat September 1962 die entsprechenden Zusammenhänge der Feldstärke mit der so bestimmten Wellenleiterdicke enthalten. Eine Aufgliederung nach der Stabilität tritt nicht mehr in Erscheinung. Die Korrelationskoeffizienten sind mit o,73 (7 GHz) und o,69 (2 GHz) zwar recht hoch, aber nicht besser als die anderer Modelle (siehe Tabelle 19). Insbesondere für die 7 GHz-Strecke verhindert die Nichtlinearität des Zusammenhanges, hervorgerufen durch große Ductdicken bei stabiler Schichtung, eine bessere Korrelation. Die Streuung ist jedoch allgemein geringer als für die anderen Modelle.

13.6. Abweichungen vom Mechanismus der Ductausbreitung

Zusammenfassend kann festgestellt werden, daß durch Einführung komplizierterer Modelle die Korrelation zwischen Wellenleiterdicke und Feldstärke z.T. wesentlich verbessert werden kann, d.h. die logarithmische Annäherung der Profile reicht nicht immer zur Beschreibung der Schichtungsverhältnisse aus. Jedes der diskutierten Modelle muß jedoch versagen, wenn keine reine Ductausbreitung vorliegt. Solche Fälle kommen vor, ohne daß sie am Schwundbild klar erkannt werden können. In Abschnitt 9.4. wurde der störende Einfluß des Scattermechanismus diskutiert, der gelegentlich wirksam werden kann, wenn kein bzw. nur ein sehr dünner Wellenleiter vorliegt.

Weitere Abweichungen vom Mechanismus der Ductausbreitung treten aber offenbar bei geringer Windgeschwindigkeit auf. Eine nähere Analyse der Ergebnisse zeigt, daß eine Berechnung der Wellenleiterdicke mit Hilfe turbulenztheoretischer Ansätze für extreme Stabilitäten problematisch ist, da in solchen Fällen andere Mechanismen auftreten können oder die Voraussetzungen für die Anwendung der Theorien nicht erfüllt sind.

Bei stabilem Gleichgewicht kommt es in diesen Fällen zu Schichtbildungen (Inversionen), bei freier Konvektion (verbunden mit geringer Windgeschwindigkeit) zur Ausbildung relativ großer Turbulenzkörper, so daß wahrscheinlich bei geringerer Wellenleiterdicke der Mechanismus der diffusen Reflexion an Einfluß gewinnt.

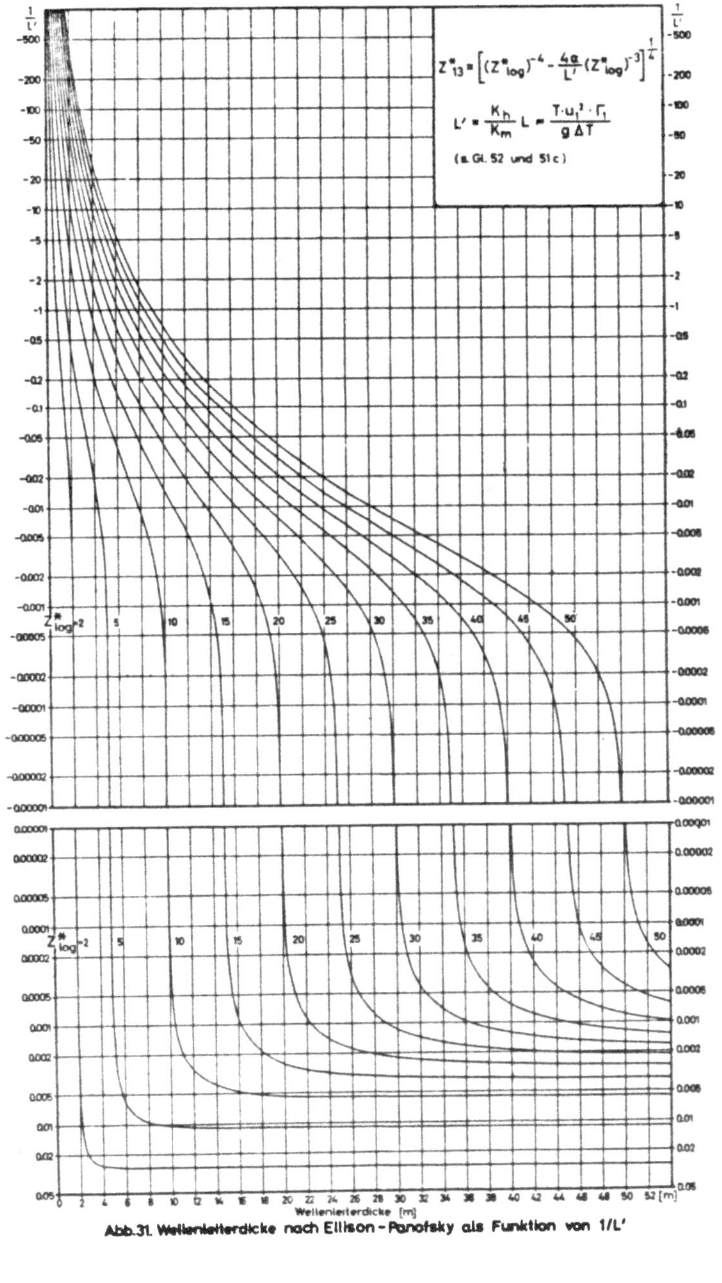

Abb. 31. Wellenleiterdicke nach Ellison-Panofsky als Funktion von 1/L'

Bei schwacher Windgeschwindigkeit ist nicht immer damit zu rechnen, daß eine homogene Brechungsindexverteilung längs der ganzen Strecke vorliegt, insbesondere wegen der geographischen Lage der Strecke (Küste, Wattflächen). In diesem Fall ist die an einem Punkt des Meßgebietes gewonnene Wellenleiterdicke nicht mehr repräsentativ für einen größeren Entfernungsbereich.

14. BESTIMMUNG DER MARITIMEN WELLENLEITERDICKE BEI BERÜCKSICHTIGUNG DER WAHREN HÖHENABHÄNGIGKEIT DER RICHARDSON'SCHEN ZAHL IN DEN DIABATISCHEN TURBULENZMODELLEN

Die in Kapitel 12 benutzte Konzeption zur Berechnung der Wellenleiterdicke beruhte auf der Einführung verschiedener diabatischer Ansätze, wobei jedoch eine lineare Zunahme der Richardson'schen Zahl mit der Höhe angenommen wurde. Die wahre Höhenabhängigkeit der Richardson'schen Zahl ist gegeben durch (Gleichung 62):

$$z/L' = Ri\ f(Ri).$$

L' ist ein von der Höhe unabhängiger Stabilitätsparameter (siehe Abschnitt 12. 3.) und kann wie die Richardson'sche Zahl aus Beobachtungen in einem bestimmten Höhenintervall berechnet werden (siehe Gleichung 51). Da die logarithmische Annäherung für das Höhenintervall 1 bis 1o m weitgehend richtig ist (wie durch Schichtungsmessungen bestätigt), wird auch z/L' und Ri für dieses Höhenintervall durch Gleichungen 51 c und 53 ziemlich genau bestimmt. Der Parameter 1/L' ist jedoch im Gegensatz zu Ri/z unabhängig von der Höhe. Mit einem bekannten 1/L' kann die exakte Höhenabhängigkeit von Ri bestimmt werden.

14.1. Monin-Obukhov-Ansatz

Für den Monin-Obukhov-Ansatz ist die Höhenabhängigkeit von Ri durch Gleichung 63 c gegeben. Man erhält damit aus Gleichung 55:

$$\frac{\partial i}{\partial z} = \frac{const}{z+z_0} \left(1 + a \frac{z}{L'} \right) ,$$

d.h. einen logarithmisch-linearen Ansatz mit z/L' als Stabilitätsparameter. Wir können daher die oben für den logarithmisch-linearen Ansatz mit Ri'z als Stabilitätsparameter abgeleiteten Formeln übernehmen. Die dort angestellten Betrachtungen gelten, wenn man statt Ri' jetzt 1/L' setzt.

Die Änderung der Wellenleiterdicke mit der Stabilität wird offensichtlich bedeutend intensiver, wenn statt einer linearen Abhängigkeit der Ri-Zahl von der Höhe die wahre

Höhenabhängigkeit eingeführt wird. Die Unterschiede können den gegebenen Diagrammen für den logarithmisch-linearen Ansatz (Abbildung 25) und für den Monin-Obukhov-Ansatz (Abbildung 26) entnommen werden (Ri' = 1/L' gesetzt). Dem zuletzt genannten Ansatz liegt dann die wahre Höhenabhängigkeit von Ri für dieses Modell zugrunde, dem ersteren die lineare Annäherung. Die auftretenden Differenzen werden für stärkere Abweichungen vom neutralen Gleichgewicht beträchtlich.

Führen wir formal in den allgemeinen Ansatz (Gleichung 66) als Stabilitätsparameter z/L' an Stelle von Ri'z ein, dann kann man die durch n = -1 gekennzeichnete Form der Stabilitätsfunktion

$$f(z/L') = \left(1 - \alpha \frac{z}{L'}\right)^{-1}$$

als eine Verallgemeinerung der durch n = 1 gegebenen

$$f(z/L') = 1 + \alpha \frac{z}{L'}$$

auffassen (Reihenentwicklung). Die teilweise recht guten Ergebnisse, die man mit dem durch n = -1 gekennzeichneten Ansatz (Monin-Obukhov) insbesondere hinsichtlich der Korrelation zwischen Ductdicke und Feldstärke findet, werden so theoretisch verständlich (denn für Ri' kann 1/L' gesetzt werden).

14.2. Ellison-Panofsky-Ansatz

Die Höhenabhängigkeit von Ri ist in diesem Fall gegeben durch (s. Gleichung 63 a):

$$\frac{z}{L'} = \frac{Ri}{\sqrt[4]{1 - 4\,\alpha\,Ri}}$$

Die Lösung dieser Gleichung 4. Grades für Ri kann durch Näherungsmethoden gefunden werden. Liegen die Nullstellen von Ri in Abhängigkeit von z/L' vor, dann sind die Gleichungen (67 bis 69) für die verschiedenen Parameter zu lösen. In dieser Arbeit werden lediglich einige Wellenleiterdicken bei Annahme der wahren Höhenabhängigkeit der Ri-Zahl berechnet (z^{*}_{14}), um den Fehler abzuschätzen, der bei Bestimmung der Wellenleiterdicke auftritt, wenn eine lineare Zunahme der Ri-Zahl mit der Höhe vorausgesetzt wird.

Die Rechnungen wurden im Rechenzentrum der Universität Hamburg auf der TR4 durchgeführt. Zur Nullstellenbestimmung von Ri wurde das Newton'sche Verfahren verwendet (8 Dezimale garantiert). Für die numerische Integration zur Berechnung des Faktors B (siehe Gleichung 6o) liegt ein Programm nach Romberg [1o3] vor. Die Rechnungen wurden abgebrochen, wenn die (n+1)-te Näherung sich von der n-ten Näherung um weniger als $1o^{-3}$ unterschied. Die Wellenleiterdicke wurde entsprechend den Gleichungen 73 bis 76 c berechnet. Für i• kann man nämlich schreiben $\Delta i_1/B$ (analog zu Gleichung 58 b).

Die so gewonnenen Werte der Wellenleiterdicke (z^{*}_{14}) sind für $\Delta N = -5$, -15 und -4o ($a = 4,5$) in Abbildung 3o (Seite 134) als Punkte eingetragen.

Sie weichen - wie zu erwarten - mit zunehmender Instabilität von der unter Annahme einer linearen Höhenabhängigkeit der Richardson'schen Zahl berechneten Wellenleiterdicke (z^{*}_{1o}) ab. Eine Verringerung der Wellenleiterdicken tritt im allgemeinen erst für $Ri' < -o,o1$ bzw. $Ri' < -o,1$ auf. Für kleine ΔN-Werte ($-\Delta N < 15$) bleibt die Abweichung unbedeutend. Man erhält z. B. für $Ri' = -1o$ nur eine Verringerung der Ductdicke von etwa 1 m, wenn $\Delta N = -15$ beträgt. Bei ΔN-Werten von -3o und -4o treten für Ri'-Werte < -o,1 Abweichungen von 2 - 3 m auf.

Der Effekt ist im betrachteten Höhenbereich offenbar gering. Die Korrelation zwischen dieser Ductdicke und der Feldstärke wird hierdurch nur geringfügig verbessert werden, d. h. die oben diskutierten Diskrepanzen werden nicht völlig beseitigt.

Doch sollte es möglich sein, bei gleichzeitiger Berücksichtigung der verschiedenen - jeweils allein betrachtet geringfügigen - fehlerhaften Einflüsse (a-Wert, K_h/K_m, z_o etc.) einen befriedigenden Zusammenhang zwischen der Wellenleiterdicke und der Empfangsfeldstärke zu erhalten. Diese Untersuchungen werden weitergeführt.

15. SCHLUSSBEMERKUNGEN

Die vorliegende Arbeit befaßt sich vor allem mit dem Einfluß der in den untersten Dekametern über dem Meer herrschenden Zustände und Vorgänge auf die elektromagnetische Wellenausbreitung im cm- bis m-Band. Die Brechungsindexschichtung - repräsentiert durch die maritime Wellenleiterdicke - läßt sich weitgehend mit Hilfe der atmosphärischen Grenzschichttheorie aus einfachen meteorologischen Beobachtungen in der Nähe der Meeresoberfläche an einem Punkt des Meßgebietes bestimmen bzw. vorhersagen (Problem der Radarreichweitenvorhersage). Mit den modernen turbulenztheoretischen Profilmodellen lassen sich, insbesondere wenn stärkere Abweichungen von einer neutralen Dichteschichtung vorliegen, Fortschritte gegenüber dem logarithmischen Modell (mit stabilitätsabhängigem Profilkoeffizienten) erzielen. Jedoch selbst bei Lösung des Problems der Wellenleiterdickenberechnung ohne vereinfachende Annahmen - auch wenn zur Zeit noch nicht völlig geklärte Fakten der Turbulenzforschung (Windabhängigkeit des Rauhigkeitsparameters, Verhältnis der Transportkoeffizienten K_h/K_m bzw. K_i/K_m bei Abweichungen vom neutralen Gleichgewicht) bekannt wären - ist eine befriedigende Erklärung der Ausbreitungsverhältnisse aus einfachen Bodenmessungen nur bei bestimmten Voraussetzungen möglich. Derartige Be-

dingungen liegen im betrachteten Meßgebiet (Nordsee) in rd. 80% der Zeit vor. Im allgemeinen müssen jedoch die Einflüsse höherer Schichten (Reflexion an freien Inversionen, Wellenleitung in sehr dicken Advektionswellenleitern oder freien Wellenleitern, Scatterausbreitung) berücksichtigt werden, die vollständig nur durch vertikale Sondierungen erfaßbar sind oder durch ein spezielles System von Richtfunkstrecken verschiedener Wellenlänge bzw. mit unterschiedlichen geometrischen Bedingungen festgestellt werden können.
An Hand des absoluten Feldstärkeniveaus bei verschiedenen Wellenlängen bzw. bei unterschiedlichen geometrischen Gegebenheiten, insbesondere unter Berücksichtigung der Fadingcharakteristik, sind nämlich Rückschlüsse auf die vorherrschenden Ausbreitungsmechanismen und damit auf die Struktur der Atmosphäre möglich. Beispiele dafür, daß mit Hilfe radiometeorologischer Untersuchungsmethoden Aussagen über Aufbau und Vorgänge in der Atmosphäre gemacht werden können, wurden in der vorliegenden Arbeit gegeben. Im optischen Wellenlängenbereich sind seit längerem sehr genaue Verfahren zur Bestimmung der atmosphärischen Schichtung bekannt [104, 105].

Folgende Punkte bedürfen noch einer Klärung:
Die Ausbreitungstheorie für Wellenleitung sollte erweitert werden, wobei einerseits der Einfluß der Stabilität der Schichtung und andererseits die turbulenten Eigenschaften des Ausbreitungsmediums berücksichtigt werden sollten.
Weitere Analysen des Zusammenhanges zwischen der nach verschiedenen Theorien berechneten Wellenleiterdicke und der Feldstärke sollten durchgeführt werden, wobei insbesondere Störungen der Ductausbreitung durch andere Mechanismen auszuschalten sind.

Die vorgelegten Untersuchungen gehören zu einem sehr umfangreichen Forschungsprogramm über die Einflüsse der Atmosphäre auf die elektromagnetische Wellenausbreitung, welches unter Leitung von Prof. Dr. K. Brocks vom Meteorologischen Institut der Universität Hamburg gemeinsam mit dem Institut für Radiometeorologie und Maritime Meteorologie an der Universität Hamburg - Institut der Fraunhofer-Gesellschaft - durchgeführt wird. Herrn Professor Brocks, auf dessen Arbeiten die durchgeführten Untersuchungen basieren, danke ich für wertvolle Anregungen und Diskussionen. Den zahlreichen Mitarbeitern, Studenten und Kollegen der genannten Institute, welche an der Gewinnung und Auswertung des Beobachtungsmaterials beteiligt waren bzw. durch Diskussionen die Untersuchungen förderten, sei ebenfalls herzlich gedankt.

LITERATURVERZEICHNIS

[1] BROCKS, K., Meteorologische Untersuchungen der elektromagnetischen Wellenausbreitung im Cm- bis M-Band vor der deutschen Nordseeküste
Radiometeorologische Forschungsgruppe des Geophysikalischen Instituts der Universität Hamburg, Bericht Nr. 1, 1958

[2] BROCKS, K., Feldstärkeregistrierungen auf Richtfunkstrecken im Cm- bis M-Band über der Nordsee und ihre Beziehungen zu meteorologischen Vorgängen
Radiometeorologische Forschungsgruppe des Geophysikalischen Instituts der Universität Hamburg, Bericht Nr. 2, 1959

[3] BROCKS, K., Richtfunkstrecken über See - Feldstärkewerte
Radiometeorologische Abteilung des Geophysikalischen Instituts der Universität Hamburg, Bericht Nr. 3, 1960

[4] BROCKS, K. und H. JESKE, Analyse gleichzeitiger Feldstärkeregistrierungen über der Nordsee auf den Frequenzen 7; 2; 0,6; 0,2 und 0,16 GHz
Radiometeorologische Abteilung des Geophysikalischen Instituts der Universität Hamburg, Bericht Nr. 4, 1961

[5] BROCKS, K., H. CASSEBAUM, H. JESKE, Richtfunkstrecken über See - Feldstärkewerte, Teil II
Radiometeorologische Abteilung des Geophysikalischen Instituts der Universität Hamburg, Bericht Nr. 5, 1962

[6] BROCKS, K., H. CASSEBAUM, G. FENGLER und H. JESKE, Meteorologische Beobachtungen in der Helgoländer Bucht 1956-1961
Radiometeorologische Abteilung des Geophysikalischen Instituts der Universität Hamburg, Bericht Nr. 6, 1963

[7] BROCKS, K., G. FENGLER und H. JESKE, Radiometeorological Papers
Radiometeorologische Vorträge
Institut für Radiometeorologie und Maritime Meteorologie an der Universität Hamburg (Institut der Fraunhofer-Gesellschaft), Bericht Nr. 7, 1963

[8] FEHLHABER, L. und J. GROSSKOPF, Auswertung von Feldstärkeregistrierungen im m- bis dm-Band
Technischer Bericht Nr. 5538 des Fernmeldetechnischen Zentralamtes der Deutschen Bundespost vom 15. 7. 1958

[9] BROCKS, K., Der Brechungsindexgradient für elektromagnetische Wellen (Cm- bis M-Band) in der maritimen Grenzschicht der Atmosphäre
Dt. Hydrogr. Z. 8, 1955, S. 186-194

[1o] BROCKS, K. und L. HASSE, Der Brechungsindexgradient für elektromagnetische Wellen (Cm- bis M-Band) in der maritimen Grenzschicht der Atmosphäre, 2. Beitrag
Dt. Hydrogr. Z. 9, 1956, S. 217-221

[11] BEUCK, G., Örtliche Unterschiede und zeitliche Schwankungen des meteorologischen Feldes vor der Küste im Wattenmeer
Diplomarbeit, Geophysikalisches Institut der Universität Hamburg, 1958

[12] BROCKS, K., Probleme der maritimen Grenzschicht der Atmosphäre
Ber. Dt. Wetterd. Nr. 91, 1963, S. 34-46

[13] BROCKS, K., Ein neues Gerät für störungsfreie meteorologische Messungen auf dem Meer
Arch. Meteorol. Geophys. u. Biokl. A11, 1962, S. 399-4o8

[14] BROCKS, K. und G. STILKE, Fesselsondenaufstiege über der Nordsee 1959
Arbeitsbericht der Radiometeorologischen Abteilung des Geophysikalischen Instituts der Universität Hamburg, 1961

[15] BROCKS, K. und G. STILKE, Fesselsondenaufstiege über der Nordsee 196o
Arbeitsbericht der Radiometeorologischen Abteilung des Geophysikalischen Instituts der Universität Hamburg, 1962

[16] BROCKS, K. und G. STILKE, Fesselsondenaufstiege über der Nordsee 1961
Arbeitsbericht des Instituts für Radiometeorologie und Maritime Meteorologie an der Universität Hamburg, 1963

[17] FENGLER, G., H. JESKE und G. STILKE, Radiometeorological Papers II
Institut für Radiometeorologie und Maritime Meteorologie an der Universität Hamburg (Institut der Fraunhofer-Gesellschaft), Bericht Nr. 9, 1964

[18] KRUSPE, G., Brechungsindexmessungen vom Flugzeug aus mit einem Mikrowellenrefraktometer über der Deutschen Bucht und ihrer Küste - 196o
Diplomarbeit, Meteorologisches Institut der Universität Hamburg, 1965

[19] MÜLLER, H., Messungen mit einem Mikrowellenrefraktometer über der Deutschen Bucht 1962
Diplomarbeit, Meteorologisches Institut der Universität Hamburg, 1965/66

[2o] KERR, D.E., Propagation of Short Radio Waves
McGraw-Hill Book Company, Inc., New York, 1961

[21] BURROWS, Ch., S. ATTWOOD, Radio Wave Propagation
New York, 1949

[22] BREKHOVSKIKH, L.M., Waves in Layered Media
(Applied Mathematics and Mechanics: Vol. 6)
Academic Press, New York - London, 196o

[23] BECKMANN, P., Die Ausbreitung der ultrakurzen Wellen
Akademische Verlagsgesellschaft Geest u. Portig K.G., Leipzig, 1963

[24] FRÄNZ, K. und H. LASSEN, Antennen und Ausbreitung
Springer-Verlag, Berlin/Göttingen/Heidelberg, 1956

[25] DOLUCHANOW, M.P., Die Ausbreitung von Funkwellen
VEB Verlag Technik Berlin, 1956

[26] ZUHRT, H., Elektromagnetische Strahlungsfelder
Springer-Verlag, Berlin/Göttingen/Heidelberg, 1953

[27] DU CASTEL, F., Propagation Tropospheric et Faisceaux Hertziens Transhorizon
Collection Technique et Scientifique Du C.N.E.T., Paris, 1961

[28] BECKMANN, P. und A. SPIZZICHINO, The Scattering of Electromagnetic Waves from Rough Surface
(International Series of Monograph on Electromagnetic Waves)
Pergamon Press, London, New York, Paris, 1963

[29] TATARSKI, V.J., Wave Propagation in a Turbulent Medium
(Translated from Russian by R. A. Silvermann)
McGraw-Hill Book Company, Inc., New York, Toronto, London, 1961

[3o] WHEELON, A.D., Radio-wave scattering by tropospheric irregularities
Jour. Res. NBS, Vol. 63D, No. 2, 1959, pp. 2o5-233

[31] BEAN, B.R. and G.D. THAYER, Models of the atmospheric radio refractive index
Proc. IRE, Vol. 47, No. 5, 1959, pp. 74o-755

[32] BEAN, B.R., Concerning the Bi-Exponential Nature of the Tropospheric Radio Refractive Index
Beitr. Phys. Atm., 34, 1961, S. 81-91

[33] FRIIS, H.T., A.B. CRAWFORD and D.C. HOGG, A Reflection Theory for Propagation Beyond the Horizon

[34] CARROLL, T.J., Internal reflection in the troposphere and propagation beyond the horizon
Trans. IRE, AP, March, August, December 1952

[35] FEINSTEIN, J., Gradient reflections from the atmosphere
Trans. IRE, AP, December 1952

[36] NORTHOVER, F.H., The anomalous propagation of radio waves in the 1 - 1o meter band
Journ. Atmosph. and Terr. Phys. 2, No. 2, 1952

[37] NORTON, K. A., P. L. RICE, H. B. JANES and A. P. BARSIS, The Rate of Fading in Propagation through a Turbulent Atmosphere
Proc. IRE, Vol. 43, 1955, pp. 1341-1353

[38] REPORT of Factual Data from the CANTERBURY PROJECT, Vols. I-II, Department of Scientific and Industrial Research, Wellington, New Zealand, 1951

[39] MILNES, B. and A. R. S. UNWIN, A Radio-Meteorological Investigation in the South Island of New Zealand
Proc. Phys. Soc., B, 63, 195o, pp. 595-616

[4o] BOOKER, H. G. and W. WALKINSHAW, The mode theory of tropospheric refraction and its relation to wave-guides and diffraction
in "Meteorological Factors in Radio Wave Propagation", pp. 8o-127, published by the Physical Society and the Royal Meteorological Society, London, 1946

[41] APPLETON, E., The influence of tropospheric conditions on ultra-short-wave propagation
in "Meteorological Factors in Radio Wave Propagation", pp. 1-17, published by the Physical Society and the Royal Meteorological Society, London, 1946

[42] BUDDEN, K. G., The Wave-Guide Mode Theory of Wave Propagation
Logos-Press, London, 1961

[43] SCHMELOVSKY, K.-H., Probleme der Ausbreitung in troposphärischen und ionosphärischen Wellenleitern
Abh. Meteorol. und Hydrol. Dienst der DDR, Nr. 49 (Band VII), Akademie Verlag, Berlin, 1958

[44] GOUGH, M. W., Diurnal Influences in Tropospheric Propagation, in "Electromagnetic Wave Propagation", S. 557-573
Academic Press, London and New York, 196o

[45] KNIGHTING, E., Some Meteorological Aspects of Radio Duct Formation
Proc. Phys. Soc., 64, 1951, pp. 21-3o

[46] HARTREE, D. R., J. MICHEL and P. NICHOLSON, Practical methods for the solution of the equations of tropospheric refraction, in "Meteorological Factors in Radio Wave Propagation", pp. 127-168, published by the Physical Society and the Royal Meteorological Society, London, 1946

[47] KAHAN, Th. und G. ECKART, Über die Ausbreitung elektromagnetischer Wellen in einem atmosphärischen Wellenleiter
Ztschr. f. Naturforschung, Bd. 5a, 195o, S. 334-342

[48] McPETRIE, J. S., B. STARNECKI, H. JARKOWSKI and L. SILINSKI, Oversea propagation on wavelengths of 3 and 9 centimeters
Proc. IRE, 37, 1949, pp. 243-257

[49] UNWIN, R. S., Ultra-short-wave Field-strength in a Ground-based Radio Duct
Nature, Vol. 172, 1953, pp. 856-857

[5o] SAXTON, J. A., The propagation of metre radio waves beyond the normal horizon, Part 1: Some theoretical considerations, with particular reference to propagation over land
Proc. IEE, Radio Section Paper No. 1112, London, 1951

[51] HAY, H. G. and R. S. UNWIN, Tropospheric Wave Propagation in a Duct of Non-Uniform Height
Proc. Phys. Soc., B, 65, 1952, pp. 981-989

[52] PEKERIS, C. L., Perturbation theory of the normal modes for an exponential M-curve in non-standard propagation of microwaves
Journ. Appl. Phys. 17, 1946, p. 678

[53] PEKERIS, C. L., Wave theoretical interpretation of 1o cm and 3 cm waves in low-level ocean ducts
Proc. IRE, 35, 1947, pp. 453-462

[54] KATZIN, M., R. BAUCHMANN and W. BINNIAN, 3- and 9-Centimeter Propagation in Low Ocean Ducts
Proc. IRE, 35, 1947, pp. 891-9o5

[55] ECKART, G., Über troposphärische Schattenzonen in der UKW-Ausbreitung
Arch. der elektr. Übertragung 17, 1963, S. 533-536

[56] FEHLHABER, L., Beitrag zur Ausbreitung der dm- und cm-Wellen über See
Technischer Bericht Nr. 5561 des Fernmeldetechnischen Zentralamtes der Deutschen Bundespost, Darmstadt, 196o

[57] BOOKER, H. G., Some Problems in Radio Meteorology
Quart. Journ. Roy. Met. Soc. 74, pp. 277-315, 1948

[58] BROCKS, K., Duct Propagation in the Maritime Surface Layer of the Atmosphere
presented at the "Advanced Study Institute on Radio Meteorology", Lagonissi, Greece, August 31 - September 12, 1964

[59] GROSSKOPF, J., Zusammenfassende Bearbeitung der von der Studienkommission V des CCIR gegebenen Ausbreitungskurven,
Interne Arbeitsunterlage, unveröffentlicht

[6o] BROCKS, K., Probleme der Radiometeorologie
Ann. Meteorol., Heft 1-6, 1951, S. 78-86

[61] BEAN, B.R., The Radio Refractive Index of Air
Proc. IRE, Vol. 5o, No. 3, 1962, pp. 26o-273
[62] KOSCHMIEDER, H., Dynamische Meteorologie
Akademische Verlagsgesellschaft Geest u. Portig K.G., Leipzig, 1951
[63] PRANDTL, L., Strömungslehre
Vieweg, Braunschweig, 1949
[64] BROCKS, K., Wasserdampfschichtung über dem Meer und die "Rauhigkeit" der Meeresoberfläche
Arch. Meteorol. Geophys. u. Biokl. A 8, 1955, S. 354-383
[65] SUTTON, O.G., Micrometeorology
McGraw-Hill Book Company, Inc., New York, 1953
[66] PRIESTLEY, C.H.B., Turbulent Transfer in the lower atmosphere
Univ. Chicago Press, 1959
[67] DEACON, E.L. and E.K. WEBB, Interchange of properties between sea and air; small scale interactions
in: "The Sea", New York - london, 1962, S. 43-87
[68] LUMLEY, J.L. and H.A. PANOFSKY, The Structure of Atmospheric Turbulence
Interscience Publishers, New York, 1964
[69] FLEAGLE, R.G., J.W. DEARDORFF and F.J. BADGLEY, Vertical distribution of wind speed, temperature and humidity above a water surface
Journ. Mar. Res. 17, 1958, pp. 141-158
[7o] JEHN, K.H., The use of potential refractive index in synoptic-scale radio meteorology
J. Meteorology, Vol. 17, 196o, p. 264
[71] BROCKS, K., Atmosphärische Temperaturschichtung und Austauschprobleme über dem Meer
Ber. d. Dt. Wetterd. Nr. 22 (Meteorol. Tagung 1955)
[72] JACOBS, W.C., Large-Scale Aspects of Energy Transformation over The Oceans
Compendium of Meteorology, American Met. Soc., Boston, Mass., 1951
[73] RICE, P.L., A.G. LONGLEY, K.A. NORTON and A.P. BARSIS, Transmission Loss Prediction for Tropospheric Communication Circuits, NBS Technical Note 1o1, Vol. 2, 1965 (Publication of the National Bureau of Standards, Boulder, Colorado)
[74] RICE, S.O., Statistical fluctuations of radio field strength far beyond the horizon
Proc. IRE, Vol. 41, 1953, pp. 274-281

[75] GJESSING, D. T., Determination of Permittivity Variations in the Troposphere by Scattering Propagation Methods
Proc. IEE, Part C 1o9, 1962, p. 447

[76] RICE, S. O., Mathematical analysis of random noise
Bell Syst. Tech. Jour., Vol. 24, 1945, p. 87

[77] NORTON, K. A., L. E. VOGLER, W. V. MANSFIELD and P. J. SHORT, The Probability Distribution of the Amplitude of a Constant Vector plus a Rayleigh-distributed Vector
Proc. IRE, Vol. 43, 1955, pp. 1354-1361

[78] SEEHARS, D., Analyse des Scintillationsfading im cm- und dm-Band unter besonderer Berücksichtigung troposphärischer Streuprozesse
Diplomarbeit, Meteorologisches Institut der Universität Hamburg, 1965

[79] NBS-REPORT 6767, Ground Telecommunication Performance Standards Part 5 of 6, Tropospheric Systems, 6-16. Published by US Department of Commerce, National Bureau of Standards, Boulder Laboratories, Boulder, Colorado, 1961

[8o] KARBOWIAK, A. E., Guided Waves in statistically Random Media
Proc. IEE, Vol. 111, 1964, pp. 222-23o

[81] SCHNAPAUFF, W. Zur Berechnung der Höhe des maritimen Wellenleiters und der Radarreichweite über See
Bericht über das Kolloquium Radiometeorologie der Deutschen Forschungsgemeinschaft, Kleinheubach, 16.-19. Oktober 1961

[82] SMITHONIAN METEOROLOGICAL TABLES (sixth revised edition)
Published by the Smithonian Institution, 1951

[83] HASSE, L., On the cooling of the sea surface by evaporation and heat exchange
Tellus XV, 1963, 4, pp. 363-366

[84] LAIKHTMAN, D. L., Profile of Wind and Interchange in the Layer of the Atmosphere near the Ground
Bull. Acad. Sci. U.S.S.R. Geog. and Geophys. Ser. 8, No. 1, 1944, pp. 1-5

[85] BROCKS, K., Über den täglichen und jährlichen Gang der Höhenabhängigkeit der Temperatur in den unteren 3oo Metern der Atmosphäre und ihren Zusammenhang mit der Konvektion
Ber. d. Dt. Wetterd. US-Zone, 5, 1948

[86] DEACON, E. L., Vertical Diffusion in the Atmosphere
Quart. J. Roy. Meteor. Soc. 75, 1949, pp. 89-1o3

[87] LETTAU, H. H. and B. DAVIDSON, Exploring the atmosphere's first mile
Pergamon Press, London, Vol. 1, 1957

[88] ANDERSON, L. J. and E. E. GOSSARD, The oceanic duct and its effect on microwave propagation
Navy Electronics Lab. Rep. 305, 1952

[89] ANDERSON, L. J. and E. E. GOSSARD, The effect of the oceanic duct on microwave propagation
Transactions, Amer. Geophys. Union, 34, No. 5, 1953, pp. 695-700

[90] MONIN, A. S. und A. M. OBUKHOV, Fundamentale Gesetzmäßigkeiten der turbulenten Vermischung in der bodennahen Schicht der Atmosphäre
Sammelband: Statistische Theorie der Turbulenz, Akademie Verlag Berlin, 1958, S. 199-226

[91] ELLISON, T. H., Turbulent transfer of heat and momentum from an infinite rough plane
J. Fluid Mech. 2, 1957, pp. 456-466

[92] PANOFSKY, H. A., A. K. BLACKADAR and G. E. McVEHIL, The diabatic wind profile
Quart. Journ. Roy. Meteorol. Soc., 86, 1960, pp. 390-398 und 87, 1961, p. 254

[93] HALSTEAD, M. H., A stability-term in the wind-gradient equation
Trans., Amer. Geophys. Union, 24, 1943, pp. 204-208

[94] HOLZMANN, B., The influence of stability on evaporation
Ann. New York Acad. Sci., 44, 1943, pp. 13-18

[95] ROSSBY, C. G. and R. B. MONTGOMERY, The layer of frictional influence in wind and ocean currents
Papers in Physical Oceanography and Meteorology, M. I. T. and Woods Hole Oceanographic Institution, Vol. 3, No. 3, 1935

[96] MEYER ZUR CAPELLEN, W., Integraltafeln
Springer-Verlag, Berlin/Göttingen/Heidelberg, 1950

[97] McVEHIL, G. E., Wind and Temperatur profiles near the ground in stabil stratification
Quart. J. Roy. Meteorol. Soc., 90, No. 384, 1964, pp. 136-146

[98] KLUG, W., Zum vertikalen Windprofil
Beitr. Phys. Atm., 36, 3/4, 1963, S. 226-253

[99] WEBB, E. K., Vanishing potential temperature gradient in strong convection
Quart. J. Roy. Meteorol. Soc., 84, 1958, p. 118

[1oo] TOWNSEND, A. A., Natural convection in the earth's boundary layer
Quart. J. Roy. Meteorol. Soc., 88, 1962, p. 51

[1o1] PANDOLFO, J.P., A Formula Relating Various Nondimensional Parameters of Turbulent Fields in the Atmospheric Surface Layer under Diabatic Conditions
J. Geophys. Res., 68, No. 1o, 1963, pp. 3249-3256

[1o2] LINDNER, A., Statistische Methoden für Naturwissenschaftler, Mediziner und Ingenieure
(3. umgearbeitete und stark erweiterte Auflage)
Birkhäuser Verlag, Basel und Stuttgart, 196o

[1o3] BAUER, F.L., La Methode d'Integration numerique de Romberg,
Colloque sur l'Analyse numerique
Gauthier Villars, Paris, 1961

[1o4] BROCKS, K., Eine räumlich integrierende optische Methode für die Messung vertikaler Temperatur- und Wasserdampf-Gradienten in der untersten Atmosphäre
Arch. Meteorol. Geophys. u. Biokl. A 6, 1954, S. 37o-4o2

[1o5] HASSE, L., Über die Kimmtiefe und ihren Zusammenhang mit meteorologischen Größen
Dissertation, Geophysikalisches Institut der Universität Hamburg, 1958

In der Reihe der "Hamburger Geophysikalischen Einzelschriften" (bis einschließlich Heft 3 "Geophysikalische Einzelschriften") sind bisher erschienen:

Heft 1 Raethjen, P.
Kurzer Abriß der Meteorologie - dynamisch gesehen, Wärmehaushalt der Atmosphäre, Hamburg, 1950

Heft 2 Raethjen, P.
Frontalzyklogenesis, Hamburg, 1954

Heft 3 Raethjen, P.
Kurzer Abriß der Meteorologie - dynamisch gesehen, Zirkulationen der Atmosphäre, Hamburg, 1954

Heft 4 Zur Dynamik des jet stream, Hamburg 1961, in zwei Abhandlungen:

Raethjen, P.
Gleichgewichtsstörungen im nichtstationären jet stream
Disturbance of balance in the nonsteady jet stream

Höflich, O.
Konvektionsfronten und Druckfeldänderungen im jet stream
Convection fronts and development of pressure pattern in the jet stream

Heft 5 Strobach, K.
Ein Beitrag zum Problem der Entstehung und der Wellennatur der mikroseismischen Bodenunruhe, Hamburg, 1962

In der Reihe "Berichte des Instituts für Radiometeorologie und Maritime Meteorologie an der Universität Hamburg, Institut der Fraunhofer-Gesellschaft" (Direktor: Prof. Dr. K. Brocks) sind bisher erschienen:

Bericht Nr. 1: Brocks, K.
Meteorologische Untersuchungen der elektromagnetischen Wellenausbreitung im Cm- bis M-Band vor der deutschen Nordseeküste, Hamburg 1958

Bericht Nr. 2: Brocks, K.
Feldstärkeregistrierungen auf Richtfunkstrecken im Cm- bis M-Band über der Nordsee und ihre Beziehungen zu meteorologischen Vorgängen, Hamburg 1959

Bericht Nr. 3: Brocks, K.
Richtfunkstrecken über See - Feldstärkewerte, Hamburg 1960

Bericht Nr. 4: Brocks, K. und H. Jeske
Analyse gleichzeitiger Feldstärkeregistrierungen über der Nordsee auf den Frequenzen 7; 2; 0,6; 0,2 und 0,16 GHz, Hamburg 1961

Bericht Nr. 5: Brocks, K., H. Cassebaum und H. Jeske
Richtfunkstrecken über See - Feldstärkewerte, Teil II, Hamburg 1962

Bericht Nr. 6: Brocks, K., H. Cassebaum, G. Fengler und H. Jeske
Meteorologische Beobachtungen in der Helgoländer Bucht 1956-1961, Hamburg 1963

Bericht Nr. 7: Brocks, K., G. Fengler und H. Jeske
Radiometeorological Papers
Radiometeorologische Vorträge, Hamburg 1963

Bericht Nr. 8: G. Fengler
Untersuchungen der elektromagnetischen Wellenausbreitung im 500 MHz-Bereich über Land unter besonderer Berücksichtigung der meteorologischen Bedingungen, Hamburg 1964

Bericht Nr. 9: Fengler, G., H. Jeske und G. Stilke
Radiometeorological Papers II
Radiometeorologische Vorträge, Teil II, Hamburg 1964

Ferner werden vom oben genannten Institut gemeinsam mit dem Meteorologischen Institut der Universität Hamburg "Technische Mitteilungen" herausgegeben. Bisher erschien:

Nr. 1 Kruspe, G.
Der atmosphärische Brechungsindex und seine Messung mit Mikrowellen-Refraktometern, Hamburg 1965

Diese Hefte können beim Institut für Radiometeorologie und Maritime Meteorologie an der Universität Hamburg, z. Zt. 2 Hamburg 13, Binderstr. 22, angefordert werden.

In der vom Institut für Meereskunde (Direktor: Prof. Dr. W. Hansen) herausgegebenen Veröffentlichungsreihe "Mitteilungen des Instituts für Meereskunde der Universität Hamburg" sind bisher erschienen:

Nr. I Proceedings of the Symposium on Mathematical-Hydrodynamical Methods of Physical Oceanography, September 1961.
Hamburg 1962

Nr. II Technical Report of the Subcommitee on Oceanographic Research.
Current Measurements in the Faeroe-Shetland Channel 1961, Tables.
Hamburg März 1964

Herstellung: Xerographie G. M. L. Wittenborn Söhne, Hamburg 13

Kolibri 360 GmbH
Ferdinand-Jühlke-Straße 7
99095 Erfurt, Deutschland
produktsicherheit@kolibri360.de